U0166870

水工程安全
云服务技术及应用

那巍 韩启彪 刘磊 孙秀路 薛梦云 编著

中国水利水电出版社
www.waterpub.com.cn
·北京·

内 容 提 要

　　本书结合作者多年从事水工程安全管理研究应用的经验，对云服务技术在水工程安全管理中的应用进行了系统的阐述。全书共分 5 章，包括云计算、水工程安全的移动云技术、水工程安全云服务平台设计、水工程安全云服务平台开发与运维、水工程安全云服务平台应用等。内容精练、通俗易懂，具有一定的实用性和操作性。

　　本书可供从事水工程安全监测、运行、管理、设计等相关的水利水电技术人员参考使用。

图书在版编目（CIP）数据

　　水工程安全云服务技术及应用 / 那巍等编著． -- 北京：中国水利水电出版社，2023.8
　　ISBN 978-7-5226-2121-0

　　Ⅰ．①水… Ⅱ．①那… Ⅲ．①水利工程－安全管理－自动化系统 Ⅳ．①TV513

　　中国国家版本馆CIP数据核字(2024)第016980号

书　　名	**水工程安全云服务技术及应用** SHUI GONGCHENG ANQUAN YUNFUWU JISHU JI YINGYONG
作　　者	那巍　韩启彪　刘磊　孙秀路　薛梦云　编著
出版发行	中国水利水电出版社 （北京市海淀区玉渊潭南路 1 号 D 座　100038） 网址：www.waterpub.com.cn E-mail：sales@mwr.gov.cn 电话：(010) 68545888（营销中心）
经　　售	北京科水图书销售有限公司 电话：(010) 68545874、63202643 全国各地新华书店和相关出版物销售网点
排　　版	中国水利水电出版社微机排版中心
印　　刷	天津嘉恒印务有限公司
规　　格	184mm×260mm　16 开本　10 印张　169 千字
版　　次	2023 年 8 月第 1 版　2023 年 8 月第 1 次印刷
印　　数	0001—1000 册
定　　价	**78.00 元**

前　言

　　随着通信技术、微电子技术、软件工程及传感技术的深入发展与应用，信息化相关产品研发和系统建设取得了实质性发展，我国水工程安全监测研究取得长足进步，一系列软硬件产品投入应用，自动化监测系统上线运行。进入 21 世纪以来，云计算、物联网、大数据挖掘等新兴信息化技术发展迅猛，水工程安全监测系统的实用性、可靠性、稳定性以及实时性均得到较大提升，自动化监测系统步入跨平台、高智能、多服务的深入应用时期，建立基于云计算技术的水工程安全云服务平台是水利信息化的重要发展趋势。

　　作为水利信息化发展的重点工作之一，近年来随着工程安全自动化监测技术的不断发展和完善，全国各类型水利工程自动化监测系统大量上线运行，部分成熟系统已经稳定运行 10 余年，在实时监控工程安全性态和运行情况等方面发挥了积极的作用。与此同时，现代信息化技术高速发展，互联网＋行业应用不断深化，水利水电行业在水工程安全监测领域仍有较大的发展空间和有待优化、完善的地方，如针对水工程群安全监控的系统建设与维护资源有限，多状态下监控方案不灵活，群体资源共享水平不高，远程监测时效性差，数据质量控制与管理智能化程度偏低等问题。从流域或区域性库坝等水工程集群管理的角度出发，结合水工程安全监测的特点对数据质量控制、信息管理等理论方法进行梳理、改进，充分利用互联网、自动化监控、云计算等现代信息技术的优势，研发水工程群安全自动化远程监测与智能预警服务云平台。

　　因此，加强水工程安全云服务技术开发与应用，能够实现水工程群在不同状态下高效的自动化远程监控，安全监测数据的集中管理和资源共享，水工程安全信息的智能化巡检管理。为水利工程管理单位、政府或流域主管部门及有关单位提供高效、可靠、智能的新型库坝等水工程群安全监控与管理模式，进一步增强流域或区域性水工程群信息化应用水平，降低水工程安全风险，提升工程运行的社会效益及经济效益。

全书共 5 章，第 1 章介绍了云计算基本概念、云计算特征、发展现状以及虚拟化技术；第 2 章概述了水工程安全移动云、基于 O2O 的水工程安全信息管理模式；第 3 章阐述了水工程安全云服务平台设计现状与需求分析、平台设计与规划以及数据库一体化管理、空间信息设计与管理、数据交换与信息分发和数据层通用接口与交换引擎等水工程安全信息处理关键技术；第 4 章说明了水工程安全业务软件服务、运维保障工作要点；第 5 章以大坝群安全自动化远程监测与智能预警服务云平台为典型案例，介绍了水工程安全云服务平台开发应用情况。

本书对从事水工程安全监测、运行、管理、设计等水利水电科技工作者具有一定参考价值。

本书第 1 章由刘磊撰稿，第 2 章由刘磊和那巍撰稿，第 3 章由韩启彪撰稿，第 4 章由韩启彪和那巍撰稿，第 5 章由薛梦云和孙秀路撰稿。全书由山西水资源研究所有限公司那巍和中国农业科学院农田灌溉研究所韩启彪统稿、农田灌溉研究所薛梦云和新乡市牧野区农业农村局刘伟宁校核，方卫华为本书的撰写提出了宝贵意见。中国农业科学院农田灌溉研究所研究生管赛赛参加了本书的部分编辑工作。

本书的编著出版得到了山西省水利科学技术研究与推广项目的资助。本书在编写过程中，得到了中国农业科学院农田灌溉研究所、新乡市牧野区农业农村局、水利部南京水利水文自动化研究所、山西水资源研究所有限公司、山西汾河灌溉管理有限公司、水利部河湖管理中心、山西中威建元科技有限公司等单位及有关专家、同行的大力支持。同时，本书也吸收了水工程安全管理领域专家学者的研究成果。在此，一并向他们表示衷心感谢。

鉴于作者水平有限，书中难免有疏漏之处，敬请各位专家和读者给予批评指正。

作者

2023 年 6 月

目　　录

第 *1* 章　云计算概述

　　云，作为气象上的自然产物，与计算相结合构成云计算一词。云计算究竟从何而来？一方面，在互联网技术刚刚兴起的时代，人们做 IT 构图表达时习惯于采用"云"元素方式来表示互联网，久而久之便以"云"形象化描述基于互联网的计算方式。另一方面，随着互联网的深入应用，人们通过浏览器和客户端，访问、获取各种资讯，这种相对透明的信息交互过程使得用户无需关心网络处理和数据计算过程，即可快速、便捷地通过互联网和客户端获取相应服务，将云抽象的网络描述。因此，云计算一词可以形象的表示上述内涵：云计算涵盖了软件、硬件资源，并基于互联网构成了新一代资源按需索取、动态变化的计算服务模式。云计算示意如图 1-1 所示。

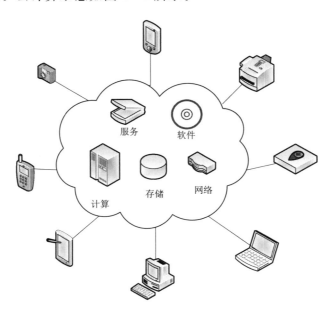

图 1-1　云计算示意图

1.1　云 计 算 基 本 概 念

1.1.1　云计算定义

2006 年 8 月 9 日，Google 首席执行官埃里克·施密特（Eric Schmidt）在搜索引擎大会（SES San Jose 2006）上首次提出"云计算"（Cloud Computing）的概念（图 1-2）。按照不同的理解角度，现有的云计算概念有上百种，相对主流和经典的描述包括如下几种：

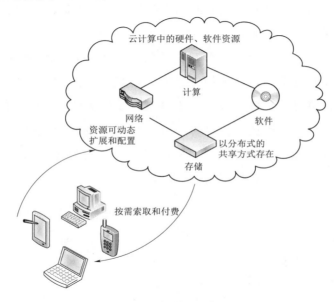

图 1-2　云计算的定义图解

（1）美国国家标准与技术研究院（National Institute of Standards and Technology，NIST）给出的云计算定义：云计算是一种按使用量付费的模式，这种模式提供可用的、便捷的、按需的网络访问，进入可配置的计算资源共享池（资源包括网络、服务器、存储、应用软件、服务），这些资源能够被快速提供，只需投入很少的管理工作，或与服务供应商进行很少的交互。

（2）国际商业机器公司，简称 IBM（International Business Machines Corporation）认为云计算是一种革新的信息技术与商业服务的消费与交付模式。在这种模式中，用户可以采用按需的自助模式，通过访问无处不在的网络，获得来自与地理无关的资源池中被快速分配的资源，并按照实际使用情况付费。

（3）中国云计算专家刘鹏认为云计算是一种商业计算模型，他将计算任务分布在大量计算机构成的资源池上，使各种应用系统能够根据需要获取计算能力、存储空间和信息服务。

（4）维基百科描述云计算是一种基于互联网的计算，在其中共享的资源、软件、信息以一种按需的方式提供给计算机和设备，就如同生活中的电网一样。

（5）百度百科给出的云计算的定义：云计算是基于互联网的相关服务的增加、使用和交付模式，通常涉及通过互联网来提供动态易扩展且经常是虚拟化的资源。

无论从哪个角度去理解云计算的概念，都需要抓住云计算的特点和实质。即云计算是一种模式的表达，这种模式可以理解为付费模式、服务模式、交付模式，在此模式的运作下，基于互联网向用户提供按需索取、弹性伸缩、动态分配的各种基础设施、平台、软件资源，具有超大规模、虚拟化、可靠安全等独特功效。

1.1.2 云计算关联概念

信息化技术发展过程中，除了云计算还有许多推动计算机科学技术发展的重要技术，如物联网、大数据、并行计算、网格计算、效用计算等。云计算的发展历程吸取了这些技术的优势，有的部分甚至是从这些技术中逐渐演进而来的，既一脉相承，又有所不同。

首先了解并行计算、网格计算、效用计算的概念。

并行计算（Parallel Computing）的基本方法是将一个计算问题分解为多个部分，采用多个处理器来协同求解这一问题，各个小的计算任务由一个独立的处理机进行计算，利用并行处理的方式达到快速解决复杂运算问题的目的。其计算是相对于串行计算来说的，需要采用特定的编程范例来执行单个大型计算任务或者运行某些特定应用。并行计算可分为时间上的并行和空间上的并行，时间上的并行就是指流水线技术，而空间上的并行则是指用多个处理器并发的执行计算。

网格计算（Grid Computing）的核心是将分散在网络中的空闲服务器、存储系统和网络连接在一起，形成一个整合系统，利用强大的计算及存储能力来处理特定的、需要巨大计算能力才能处理的任务。在处理过程中将任务划分并分配给许多计算机进行处理，最后把这些计算结果综合起来得到最终结果。与并行计算相比，网格计算是一个比较松散的结构，实时性要求不高，可以跨越局域网在因特网部署运行，而并行计算是需要各节点之间通过高速网络进行较为频繁的通信，节点之间具有较强的关联性，主要部署在局域网内。因此，网格计算是网络发展的产物，是由并行计算演化出的新模式。

效用计算（Utility Computing）强调的是 IT 资源，是一种提供服务的模型，在这个模型里服务提供商提供客户需要的计算资源和基础设施管理。效用计算的目标是 IT 资源能够像传统公共设施（如水和电等）一样的供应和收费，能够根据用户的要求被按需地提供，而且用户只需要按照实际使用情况付费。效用计算使得企业和个人不再需要一次性的巨额投入就可以拥有计算资源，而且能够降低使用和管理这些资源的成本。效用计算追求的是提高资源的有效利用率，最大程度地降低资源的使用成本和提高资源使用的灵活性。

根据概念上可以发现，云计算实际上是与并行计算、网格计算、效用计算等一脉相承的，甚至可以说他们具有相似的内核，只是在技术架构上存有差异。云计算集合了并行计算、网格计算、效用计算的优势，是互联网技术发展背景下的新一代计算模式，是传统面向任务的单一计算向面向服务的多元计算的转变。

相对于并行计算，云计算更加强调用户通过互联网使用云服务，并在云中利用虚拟化进行大规模的系统资源抽象和管理。用户不再需要开发复杂的程序，对用户的编程模型和应用类型等没有特殊限定。

网格计算着重于管理通过网络聚合分布的异构资源，并保证这些资源能够充分为计算任务服务，更多地面向科研应用，采用中间件屏蔽异构系统，力图使用户面向同样的环境，让中间件完成任务。而云计算的资源相对集中，主要以数据中心的形式提供底层资源的使用，并支持持久服务，用户可以利用云计算作为其部分 IT 基础设施，实现业务的托管和外包，商业模型比较清晰。总之，云计算是以相对集中的资源，运行分散的应用；而网格计算则是聚合分散的资源，支持大型集中式应用。

云计算与效用计算相比，关注的是如何在互联网时代以其自身为平台开发、运行和管理不同的服务。在云计算环境中不但以服务形式提供硬件基础资源，应用的开发、运行和管理也是以服务的形式提供的，应用本身也可以采用服务的形式来提供。因此，云计算与效用计算相比，技术和理念所涵盖的范围更广泛，可行性更强。

物联网技术与云计算同样息息相关，千丝万缕。物联网（Internet of Things, IoT）就是物物相联的互联网。是一个将人、物理实体和信息系统互联起来的遍布全球的系统。物联网通过智能感知、识别技术、预测分析和深度优化等通信感知技术，广泛应用于网络的融合中，来更好地管理物理世界。

物联网的核心和基础在于物品与物品之间的互联，相对于传统的互联网，物联网将计算机间的互联互通延伸和扩展到物与物之间。可以将物联网看做是处于前端的传感器与网络设备、处于核心的云计算海量数据处理平台和处于上层的应用系统这三者的结合体。因此，云计算与物联网具有很强的关联性，云计算为物联网提供了使其发挥效用的核心能力，物联网为云计算提供了宽广的应用舞台。

云计算作为数据处理的核心平台，可以看做是物联网的大脑，用于处理物联网中地域分散、数据海量、动态性和虚拟性强的业务应用。底层传感器感知信息由网络汇聚到云端，通过云计算提供的存储、处理和共享能力，能够促进物联网底层传感数据的共享，为分析与优化提供超级计算能力，从而更高效地提供更可靠的服务，使物联网更加智慧而有效地运行。

1.1.3　云计算分类

1. 按服务模式分类

针对云计算的应用需求，从服务模式的角度可以将云计算分为公有云、私有云和混合云三类，如图 1－3 所示。

（1）公有云（Public Cloud）。公有云通常指第三方提供商用户能够使用的云，是由若干企业和用户共同使用的云环境，IT 业务和功能以服务的方式，通过互联网来为广泛的外部用户提供；用户无须具备针对该服务在技术层面的知识，无须雇佣相关的技术专家，无须拥有或管理所需的 IT 基础设施，用户可在开放的公有网络中接受服务。比较典型的例子就是百度云盘

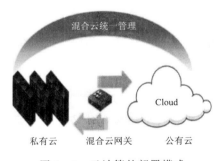

图 1－3　云计算的部署模式

应用、Google 搜索服务与网络地图、Youtube 视频、社交网站 Facebook 等。

公有云的最大意义是能够以低廉的价格，提供有吸引力的服务给终端用户，创造新的业务价值。作为一个支撑平台，公有云还能够整合上游的服务（如增值业务、广告等）提供者和下游最终用户，打造新的价值链和生态系统。

（2）私有云（Private Cloud）。私有云的一种理解是由企业独立构建和使用的云环境，IT 能力通过企业内部网，在防火墙内以服务的形式为企业内部用户提供；私有云的所有者不与其他企业或组织共享任何资源，用户是这个企业或组织的内部成员，他们共享着该云计算环境所提供的所有资源，公司或组织以外的用户无法访问这个云计算环境提供的服务。另一种理解，私有云是由云计算提供商提供具有强隔离性的云环境，可将用户构建的集群以及数据中心作为一个云服务的独立和隔离的子集，成为一个用户私有的子云。

相对于公有云，私有云是为一个客户单独使用而构建的，因而提供对数据、安全性和服务质量的最有效控制。由于私有云一般在防火墙之后，而不是在某一个遥远的数据中心中，所以当公司员工访问那些基于私有云的应用时会非常稳定，不会受到网络不稳定的影响，且对企业内部的流程管理也不会产生干扰。企业拥有私有云的基础设施，能够控制在此基础设施上部署应用程序的方式，因而其部署能力更加强大和便捷。

（3）混合云（Hybird Cloud）。混合云是目标架构中公有云和私有云的结合，整合了公有云与私有云所提供服务的云环境。用户根据自身因素和业务需求选择合适的整合方式，制定其使用混合云的规则和策略。在这里，自身因素是指用户本身所面临的限制与约束，如信息安全的要求、任务的关键程度和现有基础设施的情况等，而业务需求是指用户期望从云环境中所获得的服务类型。

一般来说，对安全性、可靠性及 IT 可监控性要求高的公司或组织（如金融机构、政府机关、大型企业等），是私有云的潜在使用者。因为他们已经拥有了规模庞大的 IT 基础设施，因此只需进行少量的投资，将自己的 IT 系统升级，就可以拥有云计算带来的灵活与高效，同时可以有效地避免使用公有云可能带来的负面影响。除此之外，他们也可以选择混合云，将一些对安全性和可靠性需求相对较低的日常事务性的支撑性应用部署在公有云上，来减轻对自身 IT 基础设施的负担。相关分析指出，一般中小型企业和创业公司将选择公有云，而金融机构、政府机关和大型企业则更倾向于选择私有云或混合云。

2. 按服务类型分类

目前业界普遍认为云计算可以按照服务模式分为基础设施即服务、平台即服务、软件即服务三类，其服务各具特点。

（1）基础设施即服务（Infrastructure as a Service，IaaS）。基础设施即服务是一种通过网络为用户按需提供包括处理、存储、网络和其他基本的计算资源。用户不管理或控制任何云计算基础设施，但能够部署和运行任意软件，包括操作系统和应用程序。主要的 IaaS 提供商包括亚马逊的 EC2、微软的 Azure、阿里巴巴的 aliyun 等。

IaaS 的关键在于弹性基础架构的构建和虚拟化技术的应用。其中，弹性计算是指用户根据实际业务或者计算需要，灵活地购买计算资源，真正实现按需使用、按需交付和按需付费。弹性计算云的目标是服务器映像能够拥有用户想要的任何一种操作系统、应用程序、配置、登录和安全机制。减少了小规模软件开发人员对于集群系统的维护，并且收费方式相对简单明了，用户使用多少资源，只需要为这一部分资源付费即可。这种付费方式与传统的主机托管模式不同，传统的主机托管模式让用户将主机放入到托管公司，用户一般需要根据最大或者计划的容量进行付费，而不是根据使用情况进行付费，而且服务并没有进行满额资源使用。另一方面，IaaS 通常是独立于平台的，由硬件和软件资源组成，软件是低级代码，独立于操作系统运行。虚拟机监控程序负责管理硬件资源的库存并根据需要分配资源，利用虚拟技术可以整合数据中心内各种设备，将计算设备统一虚拟化为虚拟资源池中的计算资源，将网络设备统一虚拟化为虚拟资源池中的网络资源，实现机器虚拟化。当用户订购这些资源时，数据中心管理者直接将订购的份额打包提供给用户，虚拟化使多租户计算成为可能，从而实现 IaaS。利用 IaaS 用户能够拥有提供处理、存储、网络和其他计算资源的能力，部署和运行任意软件。

（2）平台即服务（Platform as a Service，PaaS）。平台即服务为用户提供运算平台与解决方案堆栈即服务，其含义是一个云平台为应用的开发提供云端的服务，而不是建造自己的客户端基础设施。详细来看，计算平台是指一个可以一致地启动软件的地方。如 Windows、Linux、Google Android、Apple iOS 等操作系统，Adobe AIR、Microsoft.NET Framework 等软件框架。解决方案堆由应用程序组成，这些应用程序包括操作系统、运行时环境、源代码控制存储库和必需的所有其他中间件，有助于开发过程和应用程序部署。PaaS 的核心特性是多租户弹性，即租户或者租户的应用可以根据自身需求动态的增加、释放其所使用的计算资源。用户能将云基础设施部署与创建至客户端，或者借此获得使用编程语言、程序库与服务，而不需要管理与控制云基础设施，包含网络、服务器、操作系统或存储。PaaS 主要的服务供应商包括：谷歌的 GAE、Heroku、百度云开发引擎、新浪 SAE 等。

完整的 PaaS 平台通常包含应用运行环境、应用的全生命周期支持以及集成、复合应用构建能力三个方面。其中应用运行环境为用户提供分布式运行环境、多类型数据存储和动态资源伸缩处理功能，确保用户开发、测试、运维的应用环境正常。在全生命周期的应用支持中，PaaS 需要提供 SDK、IDE，加快应用的开发、测试和部署，并以 API 的形式提供如队列服务、存储服务和缓存服务等在内的公共服务。此外，通过提供资源池、应用系统的管理和监控功能，精确计量各类应用使用所消耗的计算资源，实现 PaaS 监控、管理和计量的作用。

不同的供应商提供的 PaaS 解决方案堆栈服务有所区别，主要需要考虑和比较的内容包括：

1）应用程序开发框架。健壮的应用程序开发框架应该基于广泛使用的技术，一般情况下使用 Java 技术等开放源码框架通常比较好，而不要局限锁定于某一特定厂家。

2）容易使用。PaaS 应该附带容易使用的 WYSIWYG 工具，应该有预先构建的部件、现成的 UI 组件、拖放工具和对某些标准 IDE 的支持。这有利于快速的迭代式应用程序开发。

3）业务流程建模（BPM）工具。需要使用强大的 BPM 框架对业务流程进行建模，围绕业务流程构建应用程序。

4）可用性。应该能够在任何时候从任何地方访问并使用所选的平台。

5）可伸缩性。平台应该足够智能化，能够利用底层基础设施的弹性计算能力处理应用程序将承受的负载。

6）安全性。为了有效地防御安全威胁，平台应该解决跨站点脚本、SQL注入、拒绝服务和通信流加密等问题，并让安全措施完全融入到应用程序开发中。此外，平台必须支持单点登录功能，能够与现有的内部应用程序或其他云应用程序集成起来。

7）包容性。平台应该能够包容、嵌入和集成在相同平台或其他平台上构建的其他应用程序。

8）可移植性。平台应该不限制底层基础设施类型，允许公司把应用程序从一个 IaaS 转移到另一个。

9）移植工具。为了轻松、快速地把数据从陈旧的内部应用程序迁移到基于新平台的应用程序中，平台的工具包中必须有批量导入转换工具。

10）API。为了执行各种任务，平台应该有文档齐全的 API，让用户能够灵活地创建和定制软件应用程序，使其与平台交互，从而满足业务的特殊需要。

（3）软件即服务（Software as a Service，SaaS）。软件即服务是一种通过 Internet 提供软件的模式。一方面，用户不用再购买软件，只需向提供商租用基于 Web 的软件来管理企业经营活动，即用户购买的是软件的使用权，而不是购买软件的所有权；另一方面，用户不必操心各种应用程序的安装、设置和运行维护，一切都由 SaaS 服务商来完成。对于许多小型企业来说，SaaS 消除了企业购买、构建和维护基础设施和应用程序的需要。

SaaS 服务提供商为中小企业搭建信息化所需要的所有网络基础设施及软件、硬件运作平台，并负责所有前期的实施、后期的维护等一系列服务，企业无需购买软硬件、建设机房、招聘 IT 人员，只需前期支付一次性的项目实施费和定期的软件租赁服务费，即可通过互联网享用信息系统。服务提供商通过有效的技术措施，可以保证每家企业数据的安全性和保密性。企业采用 SaaS 服务模式在效果上与企业自建信息系统基本没有区别，但节省了大量用于购买 IT 产品、技术和维护运行的资金，且像打开自来水龙头就能用水一样，方便地利用信息化系统，从而大幅度降低了中小企业信息化的门槛与风险。

SaaS 的优点在于：①从技术方面来看，企业无需再配备 IT 方面的专业技术人员，同时又能得到最新的技术应用，满足企业对信息管理的需求；②从投资方面来看，企业只以相对低廉的定期方式投资，不用一次性投资到位，不占用过多的营运资金，不用考虑成本折旧问题，并能及时获得最新硬件平台及最佳解决方案；③从维护和管理方面来看，由于企业采取租用的方式来进行物流业务管理，不需要专门的维护和管理人员，也不需要为维护和管理人员支付额外费用。可以很大程度上缓解企业在人力、财力上的压力，使其能够集中资金对核心业务进行有效的运营。

选择 SaaS 供应商需要考虑和比较的内容包括：①动态计费，用户的业务应用是动态的，如果企业的使用量有变化，那么支付的 SaaS 费用也应当随之变化；②安全性，SaaS 厂商需要采用安全套接层（SSL）技术，放置服务器的数据中心设有全天候的物理安全措施，并设有保护巡视措施；③基于 Web 的 SaaS 服务，选择一个能提供完全基于 Web 的解决方案的 SaaS 合作伙伴，这个同样很重要，这意味着用户应当远离那些需要把应用程序安装到计算机上的厂商；④厂商的经验，确信所选择的 SaaS 供应商在运行应用程序和托管应用程序方面都有着丰富经验，而不仅仅是对传统的软件产品进行一些表面上的改造，并换上 SaaS 的品牌；⑤升级周期，使用 SaaS 解决方案的主要优点之一是能够获得自动升级的便利；⑥集成能力，该 SaaS 解决方案能够兼容和集成用户现有业务应用；⑦监控，制定监控机制并采用监控软件来检查防火墙内外的系统。

三种云计算服务模式的特征、优点及缺点和风险对比，见表 1-1。

表 1-1　　　　　　　　　　三种云计算服务模式比较

服务模式	特 征	优 点	缺点和风险
IaaS	常常独立于平台；分担基础设施成本，因此会降低成本；服务水平协议（SLA）；按使用量付费；自我伸缩	避免在硬件和人力资源方面花费资产费用；降低 ROI 风险；降低进入门槛；简化和自动化伸缩过程	企业效率和生产力很大程度上取决于厂商的能力；可能会增加长期成本；集中化需要新的/不同的安全措施
PaaS	消费云基础设施；能满足敏捷的项目管理方法	简化的版本部署	集中化需要新的/不同的安全措施
SaaS	SLA；由"瘦客户机"应用程序提供 UI；云组件；通过 API 进行通信；无状态；松散耦合；模块化；语义性互操作能力	避免在软件和开发资源方面花费资产费用；降低 ROI 风险；简化和迭代式的更新	数据的集中化需要新的/不同的安全措施

1.2 云 计 算 特 征

通过对云计算概念的理解和云类型的划分，能够进一步梳理和总结出云计算的特点，如图 1-4 所示。

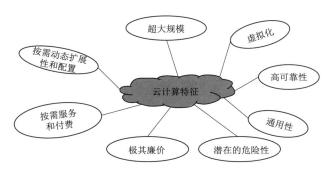

图 1-4　云计算特征

1. 超大规模

"云"具有相当的规模，截至 2023 年 Google 云计算已经拥有 100 多万台服务器。Amazon、IBM、微软、Yahoo 等的"云"均拥有几十万台服务器。企业私有云一般拥有数百上千台服务器。"云"能赋予用户前所未有的计算能力。

2. 虚拟化

云计算支持用户在任意位置、使用各种终端获取应用服务，硬件和软件都是资源，通过网络以服务的方式向用户提供这些资源。在云计算中，资源已经不限定在诸如处理器机时、网络带宽等物理范畴，而是扩展到了软件平台、Web 服务和应用程序的软件范畴。所请求的资源来自"云"，而不是固定的、有形的实体。应用在"云"中某处运行，但实际上用户无需了解、也不用担心应用运行的具体位置。只需要一台笔记本或者一部手机，就可以通过网络服务来实现我们需要的一切，甚至包括超级计算这样的任务。

3. 高可靠性

"云"使用了数据多副本容错、计算节点同构可互换等措施来保障服务的高可靠性，使用云计算比使用本地计算机可靠。

4. 通用性

云计算不针对特定的应用，在"云"的支撑下可以构造出千变万化的应用，同一个"云"可以同时支撑不同的应用运行。

5. 按需动态扩展性和配置

"云"的规模可以动态伸缩，满足应用和用户规模增长的需要。例如 Amazon EC2 可以在极短的时间内为华盛顿邮报初始化 200 台虚拟服务器的资源，并在 9 小时的任务完成后快速地回收这些资源；Goosle App Engine 可以满足 Gift-ag 的快速增长，不断为其提供更多的存储空间、更高的带宽和更快速的处理能力；Salesforce 可以为哈根达斯公司在已经成型的 CRM 系统中动态地添加和删除应用模块，来满足客户不断改进的业务需求。这些例子都体现了云计算可动态扩展和配置的特性。

6. 按需服务和付费

"云"是一个庞大的资源池，用户按需使用云中的资源，并可以像购买水、电、煤气那样按实际使用量付费，而不需要管理他们。例如，某历史悠久的大型企业要在短时间内完成近 50 年的档案转换任务，其自身没有足够的运算处理能力，且如此大计算量的业务需求也并不常见。此时，只需要通过购买类似 Amazon EC2 的云计算资源，即可调用近百台的虚拟服务器为其进行运算处理，在尽可能短时间内获得所需结果。作为企业，如果按照此次计算标准购置 IT 设备显然是不合理的，而利用云服务的购买，随买随用且可以根据实际的资源使用量来计费。

7. 极其廉价

由于"云"的特殊容错措施可以采用极其廉价的节点来构成云，"云"的自动化集中式管理使大量企业无需负担日益高昂的数据中心管理成本，"云"的通用性使资源的利用率较之传统系统大幅提升，因此用户可以充分享受"云"的低成本优势，经常只要花费几百美元、几天时间就能完成以前需要数万美元、数月时间才能完成的任务。

8. 潜在的危险性

云计算服务除了提供计算服务外，还必然提供了存储服务。但是云计算服务当前垄断在私人机构（企业）手中，而他们仅仅能够提供商业信用。对于政府机构、商业机构（特别像银行这样持有敏感数据的商业机构）选择云计算服务应保持足够的警惕。一旦商业用户大规模使用私人机构提供的云计算服务，无论其技术优势有多强，都不可避免地让这些私人机构以"数据（信息）"的重要性挟制整个社会。此外，云计算中的数据对于数据所有者以外的其他用户云计算用户是保密的，但是对于提供云计算的商业机构而言确实毫无秘密可言。所有这些潜在的危险，是商业机构和政府机构选择云计算服务、特别是国外机构提供的云计算服务时，不得不考虑的一个重要的前提。

1.3 云计算发展现状

1.3.1 国外云计算技术及产业现状

1.3.1.1 主要国家和地区

1. 美国

美国认为云计算技术和产业是维持国家核心竞争力的重要手段，并要求加大政府采购和积极培育云计算市场。通过政策指引和指定技术框架来推进云计算技术的进步和产业的发展。如 2011 年出台的《联邦云计算战略》中明确提出鼓励创新，积极培育市场，构建云计算生态系统，推动产业链协调发展。美国军队（空军、海军）、司法部、农业部、教育部等部门都已应用了云计算服务。

2. 欧盟

2016 年 4 月 19 日，欧委会举行新闻发布会正式启动欧盟云计算行动计划，同时发布还有欧委会制定的欧盟基于云计算服务和世界级大数据基础设施的发展蓝图，致力于确保欧盟大数据导向技术及产业发展的世界领先水平。

3. 英国

2011 年 7 月，英国云计算供应商联盟成立，其主要面向英国本土的技术和服务提供商，为用户提供全面的云计算服务，帮助英国企业部署云应用，为中等规模的英国企业提供云计算的系列选择。2013 年开始，英国技术战略委员会持续两年总投入 474 万英镑，帮助英国云基础设施和 IT 服务外包供应商开展合作。针对互操作性、数据恢复能力以及身份验证这三个关键问题，重点开发相关的系统、服务和软件，从而提高云服务的安全性。

4. 澳大利亚

2012 年 10 月，澳大利亚总理宣布政府将制定国家云计算战略。这不仅明确了国家宽带网络（NBN）和云计算之间要有协同效应，还强调了政府在为小企业、个人和政府机构提供各自所需工具上所发挥的重要作用。该战略由政府、行业和消费群体合作完成，澳大利亚将创建并使用世界一流的云服务，推动数字经济领域的创新和生产力。

5. 日本

日本 IT 产业一直位居世界前列，发达程度仅次于美国。在云计算产业的发展和应用上,也没有落后美国太多。2009 年,日本政府开始采用云计算、大数据技术推动日本经济的发展。2010 年 5 月,日本总务省发布《智能云研究会报告书》,提出"智能云战略"。2015 年,日本政府所有的电子政务集中到统一的云计算基础设施之上,建设完成"霞关云"。除此之外,日本还建设了医疗云、教育云、农业云和社区云。

1.3.1.2　谷歌云 (Google App Engine,GAE)

Google 公司拥有目前全球最大规模的搜索引擎,在分布文件系统 GFS、分布式存储服务、分布式计算框架等海量数据处理方面技术先进。2008 年 4 月,Google 发布了 Google App Engine 第一个 beta,GAE 是一个开发、托管网络应用程序的平台,使用 Google 管理的数据中心,平台为 Google 的重要搜索应用提供服务,且扩展至各种其他应用程序。GAE 基于云计算技术,跨越多个服务器和数据中心进而虚拟化应用程序,使用户业务系统能够运行在 Google 的全球分布式基础设施上。此外,Google 还提供了各种类型丰富的云端应用服务,如 Gmail、Google 地球、Goole Docs 等。

Google 的云计算主要由 MapReduce、Google 文件系统 (GFS)、BigTable 组成。他们是 Google 内部云计算基础平台的 3 个主要部分。MapReduce 是一种编程模型,用于大规模数据集的并行运算,其使得编程人员在不会分布式并行编程的情况下,也能够将自己的程序运行在分布式系统上。在 Google,MapReduce 用在分布 grep,分布排序,Web 连接图反转,每台机器的词矢量,Web 访问日志分析,反向索引构建,文档聚类,机器学习等应用程序中。MapReduce 会生成大量的临时文件,为了提高效率,其利用 GFS 来管理和访问这些文件。GFS 是一个可扩展的分布式文件系统,用于大型的、分布式的、对大量数据进行访问的应用。其运行于廉价的普通硬件上,并提供容错功能,可以给大量的用户提供总体性能较高的服务。BigTable 是非关系的数据库,是一个稀疏的、分布式的、持久化存储的多维度排序 Map。BigTable 的设计目的是可靠的处理 PB 级别的数据,并且能够部署到上千台机器上,以适用性广泛、可扩展、高性能和高可用性为目标。当前 BigTable 已经在超过 60 个 Google 的产品和项目上得到了应用,包括 Google Analytics、GoogleFinance、Orkut、Personalized Search、Writely 和 GoogleEarth。

Google 还构建其他云计算组件,包括一个领域描述语言以及分布式锁服务机制等。Sawzall 是一种建立在 MapReduce 基础上的领域语言，专门用于大规模的信息处理。Chubby 是一个高可用、分布式数据锁服务，当有机器失效时，Chubby 使用 Paxos 算法来保证备份。当前，Google App Engine 支持的编程语言是 Python 和 Java（通过扩展，可以支持其他 JVM 语言，诸如 Groovy、JRuby、Scala 和 Clojure），支持 Django、WebOb、PyYAML 的有限版本。Google 准备在未来支持更多的语言，Google App Engine 也将会独立于某种语言。任何支持 WSGI 的使用 CGI 的 Python 框架可以被使用。Google App Engine 在用户使用一定的资源时是免费的，支付额外的费用可以获得应用程序所需的更多的存储空间、带宽或是 CPU 负载。

1.3.1.3 亚马逊 Amazon 云平台

2006 年 Amazon 提出了 Elastic Compute Cloud 服务，作为互联网上最大的在线零售商，每天负担着大量的网络交易，同时 Amazon 也为独立软件开发人员以及开发商提供云计算服务平台。Amazon 将他们的云计算平台称为弹性计算云（Elastic Compute Cloud，简称 EC2），是最早提供远程云计算平台服务的公司。Amazon 将自己的弹性计算云建立在公司内部的大规模集群计算的平台上，而用户可以通过弹性计算云的网络界面去操作在云计算平台上运行的各个实例（instance）。用户使用实例的付费方式由用户的使用状况决定，即用户只需为自己所使用的计算平台实例付费，运行结束后计费也随之结束。通过这种方式，用户不必自己去建立云计算平台，节省了设备与维护费用。

网络数据流的流向非常复杂，企业和个人的网络平台所需的计算能力也随着这些流量增加在不断地变化着。亚马逊弹性计算云服务是亚马逊提供的云计算环境的基本平台，满足了小规模软件开发人员对集群系统的需求，减小了维护负担。利用亚马逊提供的各种应用接口，用户可以按照自己的需求随时创建、增加或删除实例，并通过配置实例数量可以保证计算能力随着通信量的变化而变化。EC2 向用户提供了如下一些非常有价值的特性：

（1）灵活性。EC2 允许用户对运行的实例类型、数量自行配置，还可以选择实例运行的地理位置，可以根据用户的需求随时改变实例的使用数量。

（2）低成本。EC2 使得企业不必为暂时的业务增长而购买额外的服务器等设备。EC2 的服务都是按小时来收费的，而且价格非常合理。

（3）安全性。EC2 向用户提供了一整套安全措施，包括基于密钥对机制的

SSH 方式访问、可配置的防火墙机制等，同时允许用户对其应用程序进行监控。

（4）易用性。用户可以根据亚马逊提供的模块自由构建自己的应用程序，同时 EC2 还会对用户的服务请求自动进行负载平衡。

（5）容错性。利用系统提供的诸如弹性 IP 地址之类的机制，在故障发生时 EC2 能最大程度地保证用户服务仍能维持在稳定的水平。

1.3.1.4　微软 Windows Azure

微软紧跟云计算步伐，于 2008 年 10 月推出了 Windows Azure 云计算操作系统。Azure（译为"蓝天"）是继 Windows 取代 DOS 之后，微软的又一次巨大转型，通过在互联网架构上打造新云计算平台，让 Windows 真正由 PC 延伸到"蓝天"上。微软拥有全世界数以亿计的 Windows 用户桌面和浏览器，借助此优势，将微软系的所有资源通过互联网连接到所谓的"蓝天"上。

Azure Services Platform 包括一个云计算操作系统和一个为开发者提供的服务集。通过支持目前的工业标准和 Web 协议如 REST 和 SOAP 等可以实现完全的互操作，用户能够单独地使用每个 Azure service，或同时组合相应服务进行应用，也可以通过构建新的应用程序来扩展现有的应用程序。Windows Azure 通常由如下部分组成：

（1）计算服务。在 Azure 平台中运行的应用提供支撑，尽管 Windows Azure 编程模型与本地 Windows Server 模型不一样，但是这些应用通常被认为是在一个 Windows Server 环境下运行的。这些应用可以在 .NET Framework 中使用 C♯、Visual Basic 语言创建，或在非 .NET 平台下使用 C++、Java 和其他语言创建。可以使用 Visual Studio 或其他开发工具，也可以自由使用 WCF（Windows Communication Foundation）、ASP.NET 和 PHP 等技术。

（2）存储服务。Windows Azure 存储服务主要用来存储二进制和结构化数据。允许存储大型二进制对象（Binary Large Objects，Blobs）同时提供消息队列（Queue），用于 Windows Azure 应用组件间的通信，还提供一种表形式（Table）存储结构化数据。Windows Azure 应用和本地应用都能够通过 REST 协议访问 Windows Azure 存储服务。SQL Azure 是云环境下的关系数据库，支持报表、数据同步等服务。

（3）Fabric 控制器。其负责管理所有的计算资源和存储资源，部署新的服务并监视每个被部署服务的健康。Fabric 控制器将单个 Windows Azure 数据中心的机器整合成一个整体，Windows Azure 计算和存储服务建立在这个整合的资源池上。

（4）内容分发网络（Content Delivery Network）。其主要作用是通过维持世界各地数据缓存副本，提高全球用户访问 Windows Azure 存储中的二进制数据的速度。

（5）Windows Azure Connect。在本地计算机和 Windows Azure 之间创建 IP 级连接，使本地应用和 Azure 平台相连。

1.3.2 国内云计算技术及产业现状

2015 年 1 月，工业和信息化部发布《推进科技创新的有关工作情况及工作建议》，要求积极推进云计算、物联网等重点领域标准化工作的开展，着力构建相互衔接、协调配套的综合标准化技术标准体系。2016 年 7 月国务院印发《"十三五"国家科技创新规划》，进一步要求开展云计算核心基础软件、软件定义的云系统管理平台、新一代虚拟化等云计算核心技术和设备的研制以及云开源社区的建设，构建完备的云计算生态和技术体系，支撑云计算成为新一代 ICT（信息通信技术）的基础设施，推动云计算与大数据、移动互联网深度耦合互动发展。2017 年 4 月，工信部发布《云计算发展三年行动计划》提出到 2019 年，我国云计算产业规模达到 4300 亿元，云计算服务能力达到国际先进水平。

国内云计算如雨后春笋般迅速发展，技术创新步伐不断加快，产业结构不断优化，市场需求空间不断扩大，产业规模快速增长，新的产业格局正在形成。中国市场规模巨大，产业界对待云计算不同于早期单纯地学习、模仿 Amazon、Google 的业务模式，而是越来越务实地接纳它，不断挖掘云计算中蕴藏的巨大价值。国内众多知名的互联网服务企业通过对国内市场大量差异化需求的充分发掘及各自的创新，已成为现阶段中国云计算服务发展的主导力量。

我国云计算基础产品与操作系统技术方面取得显著进展。在云计算基础产品方面，我国已经突破 EB 级存储系统软、硬件技术和支持亿级任务并发处理的服务器系统技术。同时，互联网企业在大规模云计算操作系统方面取得突破，包括弹性计算系统、分布式计算系统、结构化数据存储系统和开放存储系统等。

1.3.2.1　主要省份城市

自 2010 年开始，国家发展改革委、工信部先后将北京、上海、深圳、杭州、无锡、哈尔滨确定为国家云计算服务创新发展试点城市。

1. 北京

北京抢在国家确定云计算试点城市之前，于 2010 年 10 月发布了"祥云工程"计划。其云战略目标是把北京打造成为世界级的云计算产业基地，并为北京建设世界城市、实施智慧北京战略作出贡献。北京作为云计算、大数据时代基础设施的建设者和创新者，云基地各创业企业的产品和服务涵盖云计算各个环节，包括服务器、模块化数据中心、瘦终端等硬件产品的设计和生产，云中间件、云管理平台、桌面虚拟化等基础软件研发；大数据、智能知识库、分布式计算等应用软件，以及定制化云计算解决方案，构成完整的上下游和中间平台完备的云生态产业链。

2. 上海

上海在 2010 年 8 月颁布推进云计算产业发展行动方案，即"云海计划"，目前已进入"云海计划 3.0"阶段，其工作重点是"全面云化、升级产业"，即普及云计算服务模式，形成云计算产业体系，带动相关产业能级显著提升。通过"云海计划 3.0"的实施，推动上海市云计算企业"由大做强，由强做大"，形成具有上海特色的云计算产业集群，打造成为经济新常态下上海建设具有全球影响力科技创造中心的重要引擎。

3. 深圳

深圳市"十三五"发展规划要求推动大数据、云计算、物联网、移动互联网广泛应用，培育壮大分享经济，实现网络经济与实体经济协同互动发展。2012 年 1 月，国家超级计算中心——深圳云计算中心完成验收，华南地区高性能计算能力紧张的局面得到有效缓解。国家超级计算深圳中心联合企业快速集成优秀产品搭建城市公共服务云平台，已形成教育云、健康云、工业云、政务云、警务云、渲染云、气象云、档案云、测试云、招标云、血液云、备份云、工程大数据云以及电子账单、应用商店的"十三云一单一店"格局，使该平台成为行业覆盖面广、服务功能齐全、用户数量众多的城市公共服务云平台。

4. 杭州

杭州在云计算产业的发展上，走在其他几个试点城市的前列。2011 年 10

月，杭州云计算产业园开园，形成以"技术创新、人才创新和运作模式创新"为支撑的云计算产业创新体系，打造云计算产业集聚区。2017年，浙江提出"十万企业上云计划"，推动"云上浙江、数据强省"的战略落地，网易云创大会等的举行，丰富了杭州在云计算、大数据领域的产业格局。

5. 无锡

基于自主知识产权的云计算产品和技术，无锡城市云计算中心于2011年1月成立，作为国内首个物联网云计算中心，无锡城市云计算中心的建立，旨在提高城市IT设备利用水平和效率，革新城市IT资源的应用模式，推动无锡以云计算为代表的新兴产业的发展，促进产业结构升级；成为实现"智慧无锡"和"数字无锡"的载体；立足无锡、面向全国，为政府、组织、企业、个人等用户提供各种层级的云计算服务。

6. 哈尔滨

2014年，哈尔滨成为继北京、上海、深圳、杭州、无锡后，第6个国家云计算服务创新发展试点城市。提出以"发挥政府引导作用，以电子政务建设为切入点，大力推进云计算技术应用，以应用带市场、以应用促招商、以应用谋发展"的工作思路，重点抓好顶层设计，建立健全保障体系，促进信息共享、资源整合和业务协同。同时，大力推动协同创新，融合物联网、下一代互联网、第四代移动通信等新一代信息技术，促进云计算产业相关的新兴业态创新发展。

此外，其他城市也相继成立云计算中心，例如成都云计算中心、南京超级云计算中心、合肥城市云数据中心等，这些机构的建立旨在打造一流的云技术服务平台，为智慧城市建设提供云计算相关服务，加快智慧城市落地与发展的步伐。

1.3.2.2 阿里云

阿里云起步于2009年9月，走的是Amazon弹性云的路线，在很多方面学习和借鉴Amazon弹性云的结构及设计。阿里云的云计算服务产品主要有：

1. 弹性计算

弹性计算包括云服务器和辅助的负载均衡SLB。其云服务器基于阿里云自主研发的大规模分布式计算系统，通过虚拟化技术整合IT资源，提供互联网基础设施服务。SLB是Server Load Balance（负载均衡）的简称，阿里云提供的负载均衡服务，通过设置虚拟服务IP，将位于同一机房的多台云服务器资源虚拟成一个高性能、高可用的应用服务池；再根据应用特性，将来自客户端的网络请求分发到云服务池中。SLB 是云服务器面向多机方案的一个增值服务，需要同云服务器结合使用。

2. 云引擎 ACE

基于云计算基础架构的 Web 应用的托管运行环境，支持 PHP、NodeJS 等编程语言，内置多种分布式服务，可根据应用规模的变化进行自动伸缩，简化了开发者对互联网应用的构建和维护工作。ACE 提供了分布式 Session、分布式 Memcache、开放存储、消息队列、计划任务等多种服务，ACE 系统自带了 PHP 应用模板，开发者可以将自己的应用做成模板，发布其应用给其他人使用，也可以从模板库中在线创建应用。

3. 数据存储计算

开放存储服务 OSS（Open Storage Service）是阿里云对外提供的海量、安全、低成本、高可靠的云存储服务。用户可以通过简单的 REST 接口，在任何时间、任何地点上传和下载数据，也可以使用 WEB 页面对数据进行管理。同时，OSS 提供 Java、Python、PHP SDK，简化用户的编程。基于 OSS，用户可以搭建出各种多媒体分享网站、网盘、个人企业数据备份等基于大规模数据的服务。

关系型数据库 RDS（Relational Database Service），通过云服务的方式让关系型数据库设置、操作和扩展变得更加简单。帮助企业解决费时、费力的数据库管理，使企业有更多的时间聚焦到应用和业务层面上，节约用户的硬件成本和维护成本。目前 RDS 支持 MySQL、微软的 SQL Server 两种关系型数据库。

开放数据处理服务 ODPS（Open Data Processing Service）是基于阿里云自主知识产权的云计算平台构建的数据存储与分析平台。ODPS 提供大规模数据存储与数据分析，用户可以使用 ODPS 平台上提供的数据模型工具与服务，同时也支持用户自己发布数据分析工具。

开放结构化数据服务 OTS（Open Table Service）是构建在飞天大规模分布式计算系统之上的海量结构化和半结构化数据存储与实时查询的服务。OTS 以数据表的形式组织数据通过 RESTful API 形式的接口提供服务并提供一个 Web 界面以方便用户管理。OTS 适用于需要处理结构化数据，同时对数据规模和并发访问要求比较高的应用，如邮箱存储、手机云空间等以用户为中心的互联网应用。

4.其他服务

阿里云还提供了诸如云监控、云盾、云搜索、云地图、云邮箱等服务。

1.3.2.3 百度云

在 2009 年，百度掌门李彦宏在"百度技术创新大会"上提出了框计算的概念。框计算在本质上仍然是云计算，是从用户的角度在应用层上对云计算的另一种描述。百度云认为未来是移动和云的时代，百度云的一个重要发展方向就是将向开发者提供包括云存储、大数据处理、云计算能力等在内的核心技术支持，以百度 BAE（百度应用引擎平台）为代表，让开发者在成熟的云平台上调取云能力，让广大开发者的智慧得到充分发挥。百度云产品集成了百度核心基础架构，具有安全，稳定，高性能，高可扩展性的特点。百度云产品包括虚拟化与网络产品、存储与数据库产品、大数据分析产品、人工智能产品等。此外，百度云还推出建站解决方案、视频云解决方案、智能图像云解决方案、存储处理解决方案、大数据分析解决方案、移动 App 解决方案等通用解决方案；数字营销云解决方案、在线教育解决方案、物联网解决方案、政务解决方案等行业解决方案。

1.百度云主要涵盖产品

（1）基础计算存储产品。云服务器 BCC、云磁盘 CDS、对象存储 BOS、负载均衡 BLB、内容分发 CDN。

（2）数据库产品。关系数据库 RDS、简单缓存服务 SCS。

（3）大数据产品。百度 Map ReduceBMR、OLAP 引擎 PALO、百度机器学习 BML。

（4）安全和管理产品。云安全 BSS、云监控 BCM。

（5）应用产品。简单邮件服务 SES、简单消息服务 SMS。

（6）应用引擎。百度应用引擎 BAE。

2.百度云优势特点

（1）安全可靠。百度云拥有多层次安全防御体系，在 DDos 防护、主机安全、漏洞扫描、网站安全、异地登录方面形成整体、全面的解决方案，确保了构建在百度云上的 IT 设施安全运行。同时，百度云拥有自研的安全设备，高防护 IDC，立体安全监控体系，完全满足企业安全需要。百度云存储产品采用多副本部署方案，支持多地域容灾，数据可靠性达到 99.999999999%，同时数据通过多种加密算法进行存储和传输，保证客户数据的私密性。

（2）高性能。百度云内网采用 20GB 高速以太网全互联，消除了传统千兆 IDC 内网的互联瓶颈。核心产品全部采用高速 SSD 硬盘，支持上万 IOPS 的能力。外网接入方面，百度云通过 10 余家运营商的高速 BGP 接入，提供了最优质的外网访问服务。软件架构方面，百度云经过 10 余年的技术积累，各种软件经过了无数工程师的深度性能优化，将硬件设施性能发挥到极致。

（3）高可扩展性。百度云拥有极强的资源调配能力，各种服务资源支持秒级别扩展，为客户定制灵活的按需扩缩容方案，既能应对暴增的访问流量，又节约了用户的 IT 成本投入。在平台方面，百度云支持单集群数万服务器的统一管理，形成庞大的资源池，同时可以支持用户自定义资源池，满足用户各种应用场景下的资源需求。

1.3.2.4　中国电信

云计算的兴起有几个关键前提，其中一个重要的前提是合理的网络覆盖和足够的网络带宽。国内公网的链接主要有三大运营商提供，而中国电信的固网网络覆盖和带宽占主导地位（约 70%）。2011 年，中国电信率先发布云专业化的运营思路，并正式将云计算作为集团发展战略。同年 8 月，中国电信整合北京、上海、广州三大研究院资源成立了云计算研究中心。与此同时，大力开展云计算前瞻技术的研究，参与制定产品规范和技术标准，进行创新云产品的研发以及搭建云计算测试演示环境等工作。

中国电信云公司将 IaaS 业务作为首要着力点，既面向企业提供云计算整体解决方案，也面向个人、家庭用户提供云存储服务。经过多年努力，公司对外提供计算、存储与 CDN、云网融合、安全等基础计算产品。面向公众市场、面向行业和政企市场在 10 余个领域，中国电信云公司在政务监管、民生、医疗等领域提供了云产品的服务、云解决方案。

中国电信拥有世界上最大的 IP 骨干网，带宽优势十分明显，云主机的带宽限速没有其他服务商严格。由于其运营商特点，同时采用开源和商业闭源两种模式。目前其内部用的云和对外出租的公有云都是基于 CloudStack 优化而来的。面向大客户的云计算解决方案，则需要与多家云技术提供商合作，目前主要两个合作伙伴是 VMware 和华为。

1.3.2.5 国内其他企业

以"BAT"等为代表的互联网企业（百度、阿里巴巴、腾讯）基于云计算模式提供了搜索引擎、电子商务、企业管理等服务，并不断提高云计算能力，成为现阶段中国云计算服务创新发展的主导力量。后起之秀的 UCloud、Qing-Cloud 等，也开始把目标对准庞大的企业级市场，希望能够在未来庞大的企业级市场中占据领导地位。

云计算技术的落地，离不开硬件技术和云系统管理技术的适应性发展。一大批老牌和新兴的 IT 企业通过多年来的技术积累以及对云计算技术和市场的积极探索，逐步明确了自己市场方向。如华为、中兴、云创大数据、浪潮、曙光等重点企业将在云计算相关软/硬件研发和云计算系统解决方案提供等方面开展工作，在扩充既有产品的同时，为云计算服务发展提供支撑。电信运营商、互联网公司以及传统 IT 公司，都在各自擅长的领域对云计算的商业模式和相关技术进行探索。

金山云在云存储领域进步飞速，金山快盘个人版出售后，金山全面聚焦以云存储及游戏云为核心的两大平台服务。

腾讯云起步也很早，腾讯公司一直视云业务为其整体业务的辅助。2013 年9 月，腾讯云生态系统构建完成，将借助腾讯社交网络以及开放平台来专门推广腾讯云。

华为云构建了从云操作系统到服务器，从软到硬的整条产品线。华为秉承开放的弹性云计算概念，推出了 Fusion Cloud 云战略，提供云数据中心、云计算产品、云服务解决方案，"IC 软/硬件基础设施、顶层设计咨询服务和联合第三方开发智慧城市应用"是华为企业业务的三个主要方向。截至 2018 年 2 月，华为云已发布 14 大类共 100＋云服务，以及制造、医疗、电商、车联网、SAP、HPC、IoT 等 60 多个解决方案，服务于全球众多知名企业。

曙光公司创造性地推出了"城市云"战略，以"城市云"切实推进云计算技术和产品的应用，大大缩短了云计算从"概念时代"到"应用时代"的距离。曙光推出的 ParaStor 云存储系统，全力打造电子政务、城市管理和工业创新服务平台，让城市云成为产业升级变革的助推器、加速器。

云创大数据公司打造出 cStor 云存储系统、cProc 云处理系统、cVideo 云视频系统、cTrans 云传输系统四条大数据特色产品线，成功应用于平安城市、智能交通、智慧环保、电信运营商、物联网、传媒、教育、医疗等诸多领域，成为国内云计算领域发展最快、具有核心竞争力的企业之一。

随着云计算创新水平的不断提升，产业链上中下游整合趋势更加明显。国内云计算应用市场进一步发展成熟，市场空间显著扩大。云计算服务发展迅速，公共云服务和大型企业、机构内部的私有云建设与运维将成为重点。云计算公共化程度将进一步提升。国内云计算应用市场进一步发展与成熟，市场空间显著扩大。

1.3.3　国内外主流云技术比较

纵观国内外主流云技术，本研究选取阿里云、百度云、腾讯云、AWS（中国）、Azure（中国），通过弹性计算能力（云计算的核心能力）、数据库能力、存储能力、人工智能（大数据）、CDN 业务、域名服务等方面进行比较。

1. AWS（中国）

AWS 作为云计算的老大哥，在弹性计算方面，发展其了以 EC2 为首的计算服务矩阵，提供了 10 项不同的产品，联合来使用，满足用户对于计算能力的要求。但是产品缺乏场景，无法满足用户的直接需求，需要用户自行构建一些计算的服务。

在数据库方面，AWS 提供的数据库类型是相当丰富的，6 种常见的 SQL 数据库（Amazon Aurora、PostgreSQL、MySQL、MariaDB、Oracle 和 Microsoft SQL Server）、特有的 DynamoDB、基于 Redis 和 Memcahed 的 ElastiCache 产品，用户体验完美。

在存储方面，AWS 的 S3 存储服务可以说是鼎鼎大名，AWS 还推出其块存储和弹性文件存储系统，以及 PB 级文件存 SnowBall。由于产品类型的限制，无法很好地满足对应某些特定场景下的用户需求。

在安全方面，AWS 提供身份认证系统、证书系统、WAF 系统、密钥管理系统等多项安全、合规方面的服务，来帮助用户更好的规范化自己的业务，实现更好的业务拓展。

在大数据方面，AWS 投入了大量的精力研发了 EMR、QuickSight、Lex、Polly 等产品，来帮助用户去更好地进行大数据研发和人工智能的研究。

在 CDN 方面，AWS 在全球范围内建设了近 70 个 CloudFront 节点，足够满足用户出海的需求，但是国内暂未建设节点，如果当前业务主力仍在国内，可能并不适合使用 AWS 的 Cloud-Front。

AWS 并没有提供域名注册的服务，不过其提供的 DNS 服务 Route 53 也属于非常出名的，很多大型企业都在使用该服务（图 1-5）。

2. Azure（中国）

在云计算的基础能力——弹性计算上，Azure 更倾向于由用户自行实现场景化，所提供的计算服务较为基础，只有虚拟机、虚拟机规模集（集

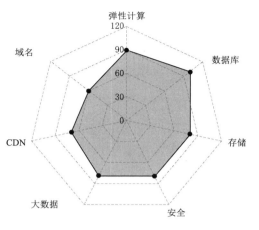

图 1-5　AWS（中国）

群）、应用服务、批处理等 6 项服务，由用户自身借助虚拟机实现场景化。

在数据库方面，Azure 着重其 SQL Server 产品，围绕 SQL Server 提供了不少的服务。同时，满足广大用户需求提供了 MySQL 产品和 Redis 缓存，以及其所特有的 DocumentDB。

在存储方面，Azure 只提供了一种云存储，而且只能挂载在虚拟机上，相对来说，可以使用的场景就少了一些。

在安全方面，Azure 只提供了秘钥保管库、Active Directory 和多重身份验证，使用的场景有限。

在大数据方面，Azure 只提供了 HDInsight、流分析、认知服务、PowerBI 这四种服务，在大数据方面的投入太少。

在 CDN 方面，Azure 在国内投入建设了大概 50 个节点，Azure 的可用节点量是非常多的。但 Azure 的 CDN 只能用于自家的虚拟机产品，这一方面不如其他家相对开放宽容。

Azure 没有提供域名服务，在这一方面相对欠缺（图 1-6）。

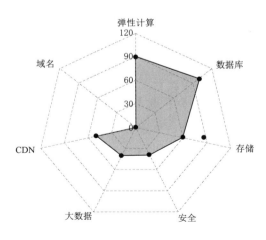

图 1-6　Azure（中国）

3. 阿里云

阿里云在弹性计算投入巨大，拥有包括云服务器、专有网络、容器服务、弹性伸缩、负载均衡等 9 项业务，涵盖用户的多种选择。但是其在计算领域更加专注于底层的计算能力，而不关注顶层的封装，未曾涉及新颖的 ServerLess 技术或是火热的 BaaS 技术。

在数据库方面，阿里云尽力满足用户的一切需求，不管是常用的三大 SQL 数据库（MsSQL、MySQL、PostgreSQL），还是 NoSQL（MongoDB、Redis、Memcache），都为用户提供了服务，帮助用户更好地使用这些能力同时，对于大数据需要的海量存储，阿里云也提供了对应的产品（PetaData、HBase、OceanBase）。除此之外所提供的数据传输、数据管理的服务也大大地帮助用户更好地进行数据管理，但可惜的是，没有支持企业常用的 Oracle 数据库。

在存储方面，阿里云提供了对象存储、文件存储、归档存储、块存储和表格存储等多种存储模式，帮助用户更好地管理数据。

在安全方面，阿里云以云盾为基础，发展出了 14 款安全产品，涵盖了 WAF、内容过滤、数据加密、DDOS 防护、数据风控等多项功能，为用户的数据安全保驾护航。

在大数据方面，阿里云以数加为基础，发展了数据应用、数据分析展现、人工智能、大数据基础服务四大板块，14 项不同的产品，在众多产品体系中，属于阿里云集中力量发展的项目。

在 CDN 方面，阿里云官方给出的数字是 500＋全球节点，域名使用的国内节点有 30 余个，满足国内用户对带宽的需要。

在域名服务上，阿里云做得最好，其域名业务源自收购的国内的最大的域名供应商万网。不仅提供了基础的域名注册的服务，还针对域名交易的人群，提供了域名交易、域名预定、域名转入等服务，帮助用户更好的管理域名（图 1-7）。

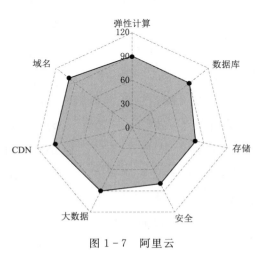

图 1-7　阿里云

4. 腾讯云

腾讯云在基础计算能力的提供上，投入不少精力，包括标准的云服务器、GPU 云服务器、FPGA 云服务器等，在弹性计算上，大量的投入研发和实践，帮助用户更好地使用云计算。

在数据库方面，腾讯云提供了标准的 SQL 数据库和其特有的 TDSQL，针对高速缓存场景的 Redis 和 Memcached、标准的 NoSQL 数据 MongoDB 以及一些适合于大数据的数据库，如 HBase、分布式数据库 DCDB。不过丰富的产品缺少配套的应用，腾讯云没有针对用户提供数据迁移的服务，导致用户在使用时体验不佳。

在存储方面，腾讯云的技术研发略显吃力。只提供了标准的对象存储和云硬盘服务，对于一些不同场景下的需求来说，显得不足。

在安全方面，腾讯云依托大禹网络安全和天御业务安全防护，提供了不少场景化的安全服务。相比之下，腾讯云的产品更加倾向场景化为用户提供服务。

在大数据方面，腾讯云发展出来了大数据基础服务、数据应用和 AI 三大体系，提供了丰富的技术产品，对于用户来说，也是可以更好地去借助云计算的资源来实现自己的需要。

在 CDN 方面，腾讯云依托腾讯本身的业务，提供了全国 500 多个加速节点，来帮助用户去提升用户体验。腾讯云 CDN 的每次变更，会需要较长的时间才能生效。

在域名方面，腾讯云只提供了基础的域名注册服务（图 1-8）。

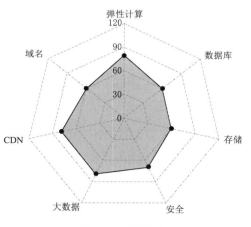

图 1-8　腾讯云

5. 百度云

百度云在计算上提供了多样化的计算能力，除了提供基础的 IaaS 的云服务器，还提供了专属服务器、物理服务器和 GPU 服务器。特别是其一直以来的发展的 BAE 应用引擎，增添了一些亮点。不过也存在计算产品种类较少的问题。

百度云在数据库的建设上，只提供了标准的 MySQL、SQL Server、Memcache、Redis 和 NoSQL 数据库 MolaDB，不如其他几家用心。

在存储方面，百度云如同腾讯云，只提供了对象存储和云磁盘。

在安全方面，百度云只提供了标准的安全服务和 DDos 防护服务。

在大数据和人工智能方面，百度投入了大量的人力物力进行研发，提供了多种不同的大数据产品和人工智能产品，包括 MapReduce、批量计算、OLAP 引擎、机器学习等。

在 CDN 方面，根据百度云节点分布图，除了海南和西藏，能够保证每个省份至少一个加速节点。

百度云提供了域名注册的基础服务，但并未提供其他服务（图 1-9）。

各家云计算厂商都有自己的优势业务（图 1-10），AWS 的数据库、Azure 的弹性计算、腾讯云的场景化、百度云的人工智能、阿里云的安全。相比之下，AWS 作为云计算老大哥，全面领跑云计算技术竞赛。阿里云则更均衡，在 CDN、存储领域的能力更优秀。腾讯云、百度云跟 AWS、Azure、阿里云差距非常大，计算规模上也不及 AWS、Azure 和阿里云。云计算不同于现在的互联网创业，往往是轻资产，重人员。云计算打的是基础设施的仗，如果想要做好云计算，就要有大笔的资金投入，来去提升自家产品的体验。

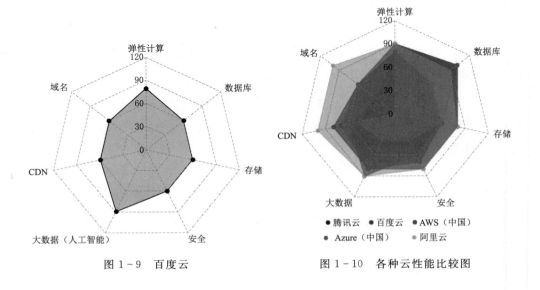

图 1-9　百度云　　　　　　　图 1-10　各种云性能比较图

1.4　虚　拟　化　技　术

1.4.1　虚拟化技术定义与特点

虚拟化技术是云计算实现的关键技术,什么是虚拟化?目前有如下多种定义:

(1)虚拟化是表示计算机资源的抽象方法,通过虚拟化可以用与访问抽象前资源一致的方法访问抽象后的资源。这种资源的抽象方法并不受实现、地理位置或底层资源的物理配置的限制(维基百科)。

(2)虚拟化是为某些事物创造的虚拟(相对于真实)版本,比如操作系统、计算机系统、存储设备和网络资源等(信息技术术语库)。

(3)虚拟化是为一组类似资源提供一个通用的抽象接口集,从而隐藏属性和操作之间的差异,并允许通过一种通用的方式来查看并维护资源(开放式网格体系结构)。

(4)百度百科。虚拟化是一种资源管理技术,是将计算机的各种实体资源,如服务器、网络、内存及存储等,予以抽象、转换后呈现出来,打破实体结构间的不可切割的障碍,使用户可以比原本的组态更好的方式来应用这些资源。

综上可以发现虚拟化描述的如下特点:①虚拟化的对象是各种各样的资源;②虚拟化是资源的逻辑表示,其不受物理限制的约束;③使用软件的方法重新定义划分 IT 资源,经过虚拟化后的逻辑资源对用户隐藏了不必要的细节;④用户可以在虚拟环境中实现其在真实环境中的部分或者全部功能,实现 IT 资源的动态分配、灵活调度、跨域共享,提高 IT 资源利用率。因此,通过虚拟化技术使得单个服务器可以支持多个虚拟机运行多个操作系统和应用,从而大大提高服务器的利用率,并能够根据用户业务需求的变化,快速、灵活地进行资源部署。

1.4.2　虚拟化技术目的

虚拟化的主要目的是对 IT 基础设施进行简化,同时简化资源及资源管理的访问(图 1 - 11)。其中基础设施进行简化是对包括基础设施、系统和软件等 IT

资源的表示、访问和管理进行简化，并为这些资源提供标准的接口来接收输入和提供输出。由于虚拟化降低了消费者与资源之间的耦合程度，消费者并不依赖于资源的特定实现，利用这种松耦合关系，管理员可以在保证管理工作对消费者产生最少影响的基础上实现对 IT 基础设施的管理。

图 1-11　虚拟化技术

虚拟化的使用者可以是最终用户、应用程序或者是服务。通过标准接口，虚拟化可以在 IT 基础设施发生变化时将对使用者的影响降到最低。最终用户可以重用原有的接口，因为他们与虚拟资源进行交互的方式并没有发生变化，即使底层资源的实现方式已经发生了改变，他们也不会受到影响。

云虚拟化技术主要分为物理资源池化和资源池管理两个层面。其中物理资源池化是把物理设备（包括服务器、存储、网络、安全等）由大化小，将一个物理设备虚拟为多个性能可配的最小资源单位；资源池管理是对集群中虚拟化后的最小资源单位进行管理，根据资源的使用情况和用户对资源的申请情况，按照一定的策略对资源进行灵活分配和调度，实现按需分配资源。

1.4.3　服务器虚拟化

1. 概述

服务器虚拟化将系统虚拟化技术应用于服务器上，将服务器物理资源抽象成逻辑资源，让一台物理服务器变成几台甚至上百台相互隔离、可独立使用的虚拟服务器。服务器虚拟化为虚拟服务器提供了能够支持其运行的硬件资源抽象，让 CPU、内存、磁盘、I/O 等硬件变成可以动态管理的"资源池"，并为虚拟机提供了良好的隔离性和安全性，从而提高资源的利用率，简化系统管理，实现服务器整合。

服务器虚拟化技术最早在 IBM 公司制造的大型机中使用，在 20 世纪 90 年代由 VMware 公司将其引入 x86 平台，并在 2000 年后迅速被业界接受，成为炙手可热的技术。由于看到服务器虚拟化应用在数据中心带来的巨大优势，各大 IT 公司纷纷加大了对服务器虚拟化相关技术的投资：2008 年，微软最新的服务器操作系统 Windows Server 2008 选装组件包含了服务器虚拟化软件 Hyper-V，并承诺 Windows Server 2008 支持现有的其他主流虚拟化平台；2007 年年底，Cisco 公司宣布通过购买股份的方式对 VMware 公司进行战略投资。多个主流 Linux 操作系统发行版，比如 Novell 公司的 SUSE Linux Enterprise、Red-Hat 公司的 Red Hat Enterprise Linux 中都加入了 Xen 或 KVM 虚拟化软件，并鼓励用户安装使用。虚拟化技术被多家主流技术公司，包括 Cisco、Google、IBM、Microsoft 等列为技术和商业战略规划中的重点方向。

通常对于服务器虚拟化的描述使用较多的两个概念是虚拟机监视器（Virtual Machine Monitor，VMM）、虚拟化平台（Hypervisor）。虚拟机监视器负责对虚拟机提供硬件资源抽象，为客户操作系统提供运行环境。虚拟化平台负责虚拟机的托管和管理，其直接运行在硬件之上，因此其实现直接受底层体系结构的约束。这两个概念源于虚拟化软件的不同实现模式，在服务器虚拟化中，虚拟化软件需要实现对硬件的抽象，资源的分配、调度和管理，虚拟机与宿主操作系统及多个虚拟机间的隔离等功能。

2. 软件实现

众多企业的 IT 部门抓住虚拟化技术发展机遇，将服务器虚拟化技术应用于企业数据中心，陆续实施虚拟化。ForrestResearch 在 2007 年的一份报告中指出，约有 40％的企业开始使用服务器虚拟化，服务器虚拟化厂商 VMware 也在 2008 年的用户大会上宣布，《财富》杂志列出的 100 强公司已经全部采纳了服务器虚拟化技术，《财富》杂志列出的 500 强公司中的绝大多数也使用了服务器虚拟化软件。

服务器虚拟化通常以软件形式运用寄宿虚拟化或原生虚拟化方式提供对硬件设备的抽象和对虚拟服务器的管理。

寄宿虚拟化。虚拟机监视器是运行在宿主操作系统之上的应用程序，利用宿主操作系统的功能来实现硬件资源的抽象和虚拟机的管理。这种模式的虚拟化实现起来较容易，但由于虚拟机对资源的操作需要通过宿主操作系统来完成，因此其性能通常较低。这种模式的典型实现有 VMware Workstation 和 Microsoft Virtual PC。

原生虚拟化。直接运行在硬件之上的不是宿主操作系统，而是虚拟化平台。虚拟机运行在虚拟化平台上，虚拟化平台提供指令集和设备接口，以提供对虚拟机的支持。这种实现方式通常具有较好的性能，但是实现起来更为复杂，典型的实现有 Citrix Xen、VMware ESX Server 和 Microsoft Hyper – V。

使用广泛的服务器虚拟化软件产品如下：

（1）Citrix XenServer。Citrix XenServerTM 作为一种开放的、功能强大的服务器虚拟化解决方案，可将静态的、复杂的数据中心环境转变成更为动态的、更易于管理的交付中心，从而大大降低数据中心成本。XenServer 是市场上唯一一款免费的、经云验证的企业级虚拟化基础架构解决方案，可实现实时迁移和集中管理多节点等重要功能。

（2）Windows Server 2008 Hyper – V。Hyper – V 采用微内核的架构，兼顾了安全性和性能的要求。Hyper – V 底层的 Hypervisor 运行在最高的特权级别下，微软将其称为 ring – 1（而 Intel 则将其称为 root mode），而虚拟机的 OS 内核和驱动运行在 ring 0，应用程序运行在 ring 3 下，这种架构就不需要采用复杂的 BT（二进制特权指令翻译）技术，可以进一步提高安全性。

（3）IBM PowerVM。PowerVM 是在基于 IBM POWER 处理器的硬件平台上提供的具有行业领先水平的虚拟化技术家族。其是 IBM Power System 虚拟化技术全新和统一的品牌（逻辑分区，微分区，Hypervisor，虚拟 I/O 服务器，APV，PowerVM Lx86，Live Partition Mobility）。PowerVM 有 PowerVM Express Edition，PowerVM Standard Edition，PowerVM Enterprise Edition 三个版本。

（4）VMware ESXServer。VMware ESXServer 为适用于任何系统环境的企业级的虚拟计算机软件。大型机级别的架构提供了空前的性能和操作控制。其能提供完全动态的资源可测量控制，适合各种要求严格的应用程序的需要，同时可以实现服务器部署整合，为企业未来成长所需扩展空间。

（5）Isvara。Isvara 集成了 Xen Hypervisor 4.6.1 引擎，改良了对延迟敏感

型负载的支持，同时改善了对特大型系统的支持。Isvara 最大可支持 4095 颗物理 CPU、16TB 内存，每台虚拟服务器最大可支持 512 颗虚拟 CPU、1TB 内存。其使用了 64 位的特权虚拟域，可支持目前不断更新的硬件设备，极大地提升了系统的可伸展性。超虚拟化技术对服务器硬件抽象化处理，可跨异构主机自动平衡负载，根据业务优先级弹性调整计算资源，不牺牲性能可实现 15∶1 或更高的整合率，将硬件利用率从 5％～15％ 提高到 80％ 甚至更高，还可提供创建和管理虚拟基础架构所需要的所有功能。

3. 核心技术

(1) CPU 虚拟化。把物理 CPU 抽象成虚拟 CPU，任意时刻一个物理 CPU 只能运行一个虚拟 CPU 的指令。每个客户操作系统可以使用一个或多个虚拟 CPU。在这些客户操作系统之间，虚拟 CPU 的运行相互隔离，互不影响。

目前，解决 x86 体系结构下的 CPU 虚拟化方法主要通过软件方式提供全虚拟化（Full - virtualization）、半虚拟化（Para - virtualization）两种不同方案。此外，也可以在硬件层添加支持功能的硬件辅助虚拟化方案。全虚拟化采用二进制代码动态翻译技术（Dynamic Binary Translation）来解决客户操作系统的特权指令问题。在客户操作系统内核态执行的敏感指令转换成可以通过虚拟机监视器执行的具有相同效果的指令序列，而对于非敏感指令则可以直接在物理处理器上运行。全虚拟化的优点在于代码的转换工作是动态完成的，无须修改客户操作系统，因而可以支持多种操作系统，Microsoft Virtual PC、Microsoft Virtual Server、VMware WorkStation 和 VMware ESXServer 的早期版本都采用全虚拟化技术。与全虚拟化不同，半虚拟化通过修改客户操作系统来解决虚拟机执行特权指令的问题。被虚拟化平台托管的客户操作系统需要进行修改，将所有敏感指令替换为对底层虚拟化平台的超级调用（Hypercall），同时虚拟化平台也为这些敏感的特权指令提供了调用接口。在半虚拟化中，客户操作系统和虚拟化平台必须兼容，否则虚拟机无法有效地操作宿主物理机，所以半虚拟化对不同版本操作系统的支持有所限制。Citrix 的 Xen、VMware 的 ESXServer 和 Microsoft 的 Hyper - V 的最新版本都采用了半虚拟化技术。

全虚拟化和半虚拟化技术都是基于软件方式的 CPU 虚拟化解决方案，不需要对处理器本身进行改变。但是，纯软件的虚拟化解决方案中必然会增加系统的复杂性和性能开销，而且半虚拟化对客户操作系统的支持受到虚拟化平台的能力限制。因此，硬件辅助虚拟化技术可以作为 CPU 虚拟化解决方案的有力补充，支持虚拟化技术的 CPU 加入了新的指令集和处理器运行模式来完成与 CPU 虚拟化相关的功能。目前，Intel 公司和 AMD 公司分别推出了硬件辅助虚拟化技术 IntelVT 和 AMD - X，并逐步集成到最新推出的微处理器产品中。硬件辅助虚拟化支持客户操作系统直接在其上运行，无须进行二进制翻译或超级调用，因此减少了相关的性能开销，简化了虚拟化平台的设计。

（2）内存虚拟化。内存是虚拟机最频繁访问的设备，因此内存虚拟化与 CPU 虚拟化具有同等重要的地位。早期的计算机内存，只有物理内存，而且空间是极其有限的，每个应用或进程在使用内存时处处受限。于是虚拟内存的概念应运而生，内存虚拟化技术把物理机的真实物理内存统一管理，包装成多个虚拟的物理内存分别供若干个虚拟机使用，使得每个虚拟机拥有各自独立的内存空间。其抽象了物理内存，相当于对物理内存进行了虚拟化，保证每个进程都被赋予一块连续的、超大的（根据系统结构来定，32 位系统寻址空间为 2^{32}，64 位系统为 2^{64}）虚拟内存空间，进程可以毫无顾忌地使用内存，不用担心申请内存会和别的进程冲突，因为底层有机制帮忙处理这种冲突，能够将虚拟地址根据一个页表映射成相应的物理地址。在内存虚拟化中，虚拟机监视器要能够管理物理机上的内存，并按每个虚拟机对内存的需求划分机器内存，同时保持各个虚拟机对内存访问的相互隔离。从本质上讲，物理机的内存是一段连续的地址空间，上层应用对于内存的访问多是随机的，因此虚拟机监视器需要维护物理机里内存地址块和虚拟机内部看到的连续内存块的映射关系，保证虚拟机的内存访问是连续的、一致的。

如同 CPU 虚拟化技术一样，内存虚拟化也分为基于软件的内存虚拟化和硬件辅助的内存虚拟化。其中，常用的基于软件的内存虚拟化技术为影子页表技术，硬件辅助内存虚拟化技术为 Intel 的 EPT（Extend Page Table，扩展页表）技术。内存软件虚拟化的目标就是要将虚拟机的虚拟地址（Guest Virtual Address，GVA）转化为 Host 的物理地址（Host Physical Address，HPA），中间要经过虚拟机的物理地址和 Host 虚拟地址的转化，即：GVA→GPA→HVA→HPA。其中前两步由虚拟机的系统页表完成，中间两步由 VMM 定义的映射表（由数据结构 kvm_memory_slot 记录）完成，其可以将连续的虚拟机物理地址映射成非连续的 Host 机虚拟地址，后面两步则由 Host 机的系统页表完成。传统的内存虚拟化方式，虚拟机的每次内存访问都需要 VMM 介入，并由软件进行多次地址转换，其效率是非常低的。因此才有影子页表技术和 EPT 技术。

影子页表法示意如图 1－12 所示。客户操作系统维护着自己的页表，该页表中的内存地址是客户操作系统看到的"物理"地址。同时，虚拟机监视器也为每台虚拟机维护着一个对应的页表，只不过这个页表中记录的是真实的机器内存地址。虚拟机监视器中的页表是以客户操作系统维护的页表为蓝本建立起来的，并且会随着客户操作系统页表的更新而更新，就像他的影子一样，所以被称为"影子页表"。VMware WorkStation、VMware ESXServer 和 KVM 都采用了影子页表技术。

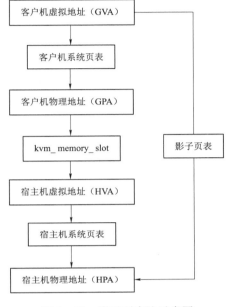

图 1－12　影子页表法示意图

页表写入法。当客户操作系统创建一个新页表时，需要向虚拟机监视器注册该页表。此时，虚拟机监视器将剥夺客户操作系统对页表的写权限并向该页表写入由虚拟机监视器维护的机器内存地址。当客户操作系统访问内存时，其可以在自己的页表中获得真实的机器内存地址。客户操作系统对页表的每次修改都会陷入虚拟机监视器，由虚拟机监视器来更新页表，保证其页表记录的始终是真实的机器内存地址，页表写入法需要修改客户操作系统，Xen 是采用该方法的典型代表。

（3）设备与 I/O 虚拟化。除了处理器与内存外，服务器中其他需要虚拟化的关键部件还包括设备与 I/O。设备与 I/O 虚拟化技术把物理机的真实设备统一管理，包装成多个虚拟设备给若干个虚拟机使用，响应每个虚拟机的设备访问请求和 I/O 请求。

目前，主流的设备与 I/O 虚拟化都是通过软件的方式实现的。虚拟化平台作为在共享硬件与虚拟机之间的平台，为设备与 I/O 的管理提供了便利，也为虚拟机提供了丰富的虚拟设备功能。

以 VMware 的虚拟化平台为例，虚拟化平台将物理机的设备虚拟化，把这些设备标准化为一系列虚拟设备，为虚拟机提供一个可以使用的虚拟设备集合。值得注意的是，经过虚拟化的设备并不一定与物理设备的型号、配置、参数等完全相符，然而这些虚拟设备能够有效地模拟物理设备的动作，将虚拟机的设备操作转译给物理设备，并将物理设备的运行结果返回给虚拟机。这种将虚拟设备统一并标准化的方式带来的另一个好处就是虚拟机并不依赖于底层物理设备的实现。因为对于虚拟机来说，其看到的始终是由虚拟化平台提供的这些标准设备。这样，只要虚拟化平台始终保持一致，虚拟机就可以在不同的物理平台上进行迁移。

在服务器虚拟化中，网络接口是一个特殊的设备，具有重要的作用。虚拟服务器都是通过网络向外界提供服务的。在服务器虚拟化中每一个虚拟机都变成了一个独立的逻辑服务器，他们之间的通信通过网络接口进行。每一个虚拟机都被分配了一个虚拟的网络接口，从虚拟机内部看来就是一块虚拟网卡。服务器虚拟化要求对宿主操作系统的网络接口驱动进行修改。经过修改后，物理机的网络接口不仅要承担原有网卡的功能，还要通过软件虚拟出一个交换机。虚拟交换机工作于数据链路层，负责转发从物理机外部网络投递到虚拟机网络接口的数据包，并维护多个虚拟机网络接口之间的连接。当一个虚拟机与同一个物理机上的其他虚拟机通信时，其数据包会通过自己的虚拟网络接口发出，虚拟交换机收到该数据包后将其转发给目标虚拟机的虚拟网络接口。这个转发过程不需要占用物理带宽，因为有虚拟化平台以软件的方式管理着这个网络。

1.4.4　网络虚拟化

网络虚拟化通常包括虚拟局域网和虚拟专用网。虚拟局域网可以将一个物理局域网划分成多个虚拟局域网，甚至将多个物理局域网里的节点划分到一个虚拟的局域网中，使得虚拟局域网中的通信类似于物理局域网的方式，并对用户透明。虚拟专用网对网络连接进行下抽象，允许远程用户访问组织内部的网络，就像物理上连接到该网络一样。虚拟专用网帮助管理员保护 IT 环境，防止来自 Internet 或 Intranet 中不相干网段的威胁，同时使用户能够快速、安全地访问应用程序和数据。网络虚拟化如图 1-13 所示。

通常在云计算平台的数据中心建设过程中，网络作为数据传输和中心建设

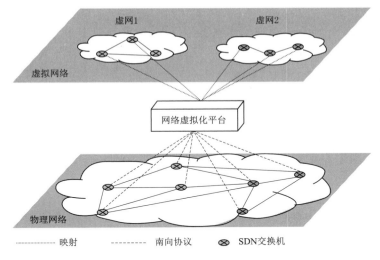

图 1-13　网络虚拟化

的基础设施，起到至关重要的作用。数据中心内部的大数据量同步收发、虚拟
机迁移大流量以及海量备份等问题，需要通过网络虚拟化技术来解决。与此同
时，为了不改变传统数据中心网络设计、物理拓扑和布线方式，可以利用网络
虚拟化技术，通过对中心网络的核心层网络虚拟化、接入层网络虚拟化以及虚
拟机网络交换三个方面的建设，形成一个统一的交换架构，实现网络各层的横
向整合。

　　核心层网络虚拟化，主要指的是数据中心核心网络设备的虚拟化。其要求
核心层网络具备超大规模的数据交换能力，以及足够的万兆接入能力；提供虚
拟机箱技术，简化设备管理，提高资源利用率，提高交换系统的灵活性和扩展
性，为资源的灵活调度和动态伸缩提供支撑。其中，VPC（Virtual Port - Chan-
nel）技术可以实现跨交换机的端口捆绑，这样在下级交换机上连属于不同机箱
的虚拟交换机时，可以把分别连向不同机箱的万兆链路用 IEEE 802.3ad 兼容的
技术实现以太网链路捆绑，提高冗余能力和链路互连带宽，简化网络维护。

　　接入层网络虚拟化，可以实现数据中心接入层的分级设计。根据数据中心
的走线要求，接入层交换机要求能够支持各种灵活的部署方式和新的以太网技
术。目前无损以太网技术标准发展很快，称为数据中心以太网 DCE 或融合增强
以太网 CEE，包括拥塞通知（IEEE 802.1Qau）、增强传输选择 ETS（IEEE
802.1Qaz）、优先级流量控制 PFC（IEEE802.1Qbb）、链路发现协议 LLDP（IEEE

802.1AB)。

虚拟机网络交互包括物理网卡虚拟化和虚拟网络交换机,在服务器内部虚拟出相应的交换机和网卡功能。虚拟交换机在主机内部提供了多个网卡的互联,以及为不同的网卡流量设定不同的 VLAN 标签功能,使得主机内部如同存在一台交换机,可以方便地将不同的网卡连接到不同的端口。虚拟网卡是在一个物理网卡上虚拟出多个逻辑独立的网卡,使得每个虚拟网卡具有独立的 MAC 地址、IP 地址,同时还可以在虚拟网卡之间实现一定的流量调度策略。因此,虚拟机网络交互需要实现以下功能:

(1) 虚拟机的双向访问控制和流量监控,包括深度包检测、端口镜像、端口远程镜像、流量统计等。

(2) 虚拟机的网络属性应包括 VLAN、QoS、ACL、带宽等。

(3) 虚拟机的网络属性可以跟随虚拟机的迁移而动态迁移,不需要人工干预或静态配置,从而在虚拟机扩展和迁移过程中,保障业务的持续性。

(4) 虚拟机迁移时,与虚拟机相关的资源配置,如存储、网络配置也随之迁移,同时保证迁移过程中业务不中断。

1.4.5 存储虚拟化

网络存储系统已经成为云计算平台的核心要素,各种大型企业的业务利用网络存储将大量高价值数据积淀下来,并对这些大数据在存储容量、数据访问性能、数据传输性能、数据管理能力、存储扩展能力等多个方面提出更高的要求。因此,存储虚拟化技术对存储硬件资源进行抽象化表现,通过将一个(或多个)目标服务、功能与其他附加的功能集成,统一提供有用的全面功能服务。

RAID(Redundant Array of Independent Disk)技术是存储虚拟化技术的雏形。其通过将多块物理磁盘以阵列的方式组合起来,为上层提供一个统一的存储空间。对操作上层的用户来说,他们并不知道自有服务器中有多少块磁盘,只能看到一块大的"虚拟"的磁盘,即一个逻辑存储单元。在 RAID 技术之后出现的是 NAS(Network Attached Storage)和 SAN(Storage Area Network)。NAS 将文件存储与本地计算机系统解耦合,把文件集中存储在连接到网络上的 NAS 存储单元,如 NAS 文件服务器。

其他网络上的异构设备都可以通过标准的网络文件访问协议,如 UNIX 系统下的 NFS（Network File System）和 Windows 系统下的 SMB（Server Message Block），来对其上的文件按照权限限制进行访问和更新。与 NAS 不同，虽然同样是将存储从本地系统上分离，集中在局域网上供用户共享与使用，SAN 一般是由磁盘陈列连接光纤通道组成的，服务器和客户通过 SCSI 协议进行高速数据通信，SAN 用户感觉这些存储资源和直接连接在本地系统上设备是一样的。在 SAN 中，存储的共享是磁盘区块的级别上，而在 NAS 中是在文件级别上。目前，存储虚拟化可以使逻辑存储单元在广域网范围内整合，并且可以不需要停机就从一个磁盘阵列移动到另一个磁盘阵列上。此外，存储虚拟化还可以根据用户的实际使用情况来分配存储资源。

1. 存储虚拟化的优势

把许多零散的存储资源整合起来，并对存储池进行划分，以最高的效率、最低的成本来满足各类不同应用在性能和容量等方面的需求，极大地节省了企业的时间和金钱。存储虚拟化还可以提升存储环境的整体性能和可用性水平，许多既消耗时间又多次重复的工作，例如备份/恢复、数据归档和存储资源分配等，可以通过自动化的方式来进行，大大减少了人工作业。此外，只有网络级的虚拟化，才是真正意义上的存储虚拟化。即将存储网络上的各种品牌的存储子系统整合成一个或多个可以集中管理的存储池，并在存储池中按需要建立一个或多个不同大小的虚卷，并将这些虚卷按一定的读写授权分配给存储网络上的各种应用服务器，这样就达到了充分利用存储容量、集中管理存储、降低存储成本的目的。

2. 存储虚拟化的一般模型

一般来说，虚拟化存储系统在原有存储系统结构上增加了虚拟化层，将多个存储单元抽象成一个虚拟存储池，存储单元可以是异构，可以是直接的存储设备，也可以是基于网络的存储设备或系统。存储虚拟化的一般模型。存储用户通过虚拟化层提供的接口向虚拟存储池提出虚拟请求，虚拟化层对这些请求进行处理后将相应的请求映射到具体的存储单元。使用虚拟化的存储系统的优势在于可以减少存储系统的管理开销、实现存储系统数据共享、提供透明的高可靠性和可扩展性等。

3. 存储虚拟化的实现方式

实现存储虚拟化的方式主要有基于主机的存储虚拟化、基于存储设备的存储虚拟化、基于网络的存储虚拟化三种。

（1）基于主机的存储虚拟化。基于主机的存储虚拟化，也称基于服务器的存储虚拟化或者基于系统卷管理器的存储虚拟化，其一般是通过逻辑卷管理来实现的，不需要任何附加硬件。虚拟机为物理卷映射到逻辑卷提供了一个虚拟层，虚拟层作为扩展的驱动模块，以软件的形式嵌入操作系统中，为连接到各种存储设备（如磁盘、磁盘阵列等）提供必要的控制功能。虚拟机在系统和应用级上完成多台主机之间的数据存储共享、存储资源管理（存储媒介、卷及文件管理）、数据复制及迁移、集群系统、远程备份及灾难恢复等存储管理任务。

基于主机的存储虚拟化方法优缺点明显，由于存储硬件的差异易造成不必要的互操作性开销，基于主机的存储虚拟化方法在灵活性和可扩充性方面较欠缺；而且存在越权访问到受保护数据的可能性，易对系统的稳定性和安全性产生影响；此虚拟化方式依赖于代理或管理软件，控制软件是运行在主机上，会占用主机的处理时间，一旦出现问题，整个系统都会受到影响。此外，由于不需要任何附加硬件，基于主机的虚拟化方法最容易实现，其设备成本最低。使用这种方法的供应商趋向于成为存储管理领域的软件厂商，而且目前已经有成熟的软件产品。这些软件可以提供非常方便的图形化管理界面，方便地用于 SAN 的管理和虚拟化，在主机和小型 SAN 结构中有着良好的负载平衡机制。从这一点来看，基于主机的存储虚拟化是一种性价比比较高的方法。

（2）基于存储设备的存储虚拟化。基于存储设备的存储虚拟化，也称基于存储控制器的存储虚拟化，依赖于提供相关功能的存储模块，往往需要第三方的虚拟软件。其主要是在存储设备的磁盘、适配器或者控制器上实现虚拟化功能。目前，有很多的存储设备（如磁盘阵列等）的内部都有功能比较强的处理器，且都带有专门的嵌入式系统，可以在存储子系统的内部进行存储虚拟化，对外提供虚拟化磁盘，比如支持 RAID 的磁盘阵列等。这类存储子系统与主机无关，对系统性能的影响比较小，也比较容易管理，并且对用户和管理人员都是透明的。

在存储系统中基于存储设备的存储虚拟化方法较容易实现，易于和某个特定存储供应商的设备相协调，所以更容易管理，且相对透明。但是，由于缺乏足够的软件进行支持，这就使得解决方案更难以客户化和监控。对于包含有多家厂商提供异构的存储设备的 SAN 存储系统，基于存储设备的存储虚拟化方法的效果不是很好，而且这种设备往往规模有限并且不能进行级连，这就使得虚拟存储设备的可扩展性比较差。

（3）基于网络的存储虚拟化。基于网络的存储虚拟化方法是在网络设备上实现存储虚拟化功能，包括基于互联设备和基于路由器两种方式。基于互联设备的虚拟化方法能够在专用服务器上运行，其在标准操作系统中运行，如 Windows、SunSolaris、Linux 或供应商提供的操作系统。和主机的虚拟存储类似，基于互联设备的虚拟化方法具有易使用、设备便宜等优点。同样，其也延续了基于主机虚拟存储的一些缺点，因为基于互联设备的虚拟化方法同样需要一个运行在主机上的代理软件或基于主机的适配器，如果主机发生故障或者主机配置不合适都可能导致访问到不被保护的数据。

基于路由器的虚拟化方法指的是在路由器固件上实现虚拟存储功能。为了截取网络中所有从主机到存储系统的命令，需要将路由器放置在每个主机到存储网络的数据通道之间，由于路由器能够为每台主机服务，大部分控制模块存储在路由器的固件里面，相对于上述几种方式，基于路由器的虚拟化在性能、效果和安全方面都要好一些。当然，基于路由器的虚拟化方法也有缺点，如果连接主机到存储网络的路由器出现故障，也可能会使主机上的数据不能被访问，但是只有与故障路由器连接在一起的主机才会受到影响，其余的主机还是可以用其他路由器访问存储系统，且路由器的冗余还能够支持动态多路径。

1.4.6 桌面虚拟化

桌面虚拟化是一种基于中心服务器的计算机运作模型，将用户的桌面环境与其使用的终端设备解耦合，所有桌面虚拟机在数据中心进行托管并统一管理，服务器上存放的是每个用户的完整桌面环境，同时用户可以使用 PC 机、平板电脑、智能手机等不同终端设备通过互联网王文桌面环境。与传统的远程桌面技术相比，桌面虚拟化技术沿用了传统瘦客户端模型，允许一台物理硬件同时安装多个操作系统，极大地降低了建设和运维成本，并且提高了计算机的安全性以及硬件系统的利用率。而传统的远程桌面技术仅仅是接入安装在某个物理机器上的操作系统，是远程控制和远程访问的一种工具，桌面客户端与数据中心服务器之间并无直接关联。

1. 桌面虚拟化技术的优势

首先，使用软件将各类型客户端设备的资源统一集合到后台数据中心集中处理，系统管理者对客户终端进行统一认证、统一管理和更为灵活地调配资源。系统维护人员直接在数据中心对桌面进行管理和运维，而不用针对每个用户的桌面管理众多的企业客户机，因此对应用软件和补丁管理的控制得到强化，现场大量的客户端维护工作得到简化。

其次，终端用户在实际使用业务应用的过程中也无需改变原先的使用习惯，在通过特殊身份认证和授权后，登录任意终端即可获取自身相关数据，继续原有业务。由于用户的桌面环境被保存成一个个虚拟机，具备对用户的桌面环境进行快照、备份的技术优势，用户桌面的安全性以及可恢复性得到提高，用户自身对系统的维护负担几乎为零。

由于信息化硬件设备不断更新、应用软件多元化发展、业务应用场景分布式扩散，使得终端设备的维护和管理更加困难，桌面化终端的安全性和维护难度不断增加。相对于传统分布式 PC 桌面系统，桌面虚拟化的轻量级客户端架构部署服务可以减少硬件与软件的采购开销，所有数据、认证都能做到策略一致、统一管理，用户终端数据资源、操作系统都能够转移到后台数据中心的服务器中，而前台终端以显示为主、计算为辅的轻量级客户端，进一步降低企业的内部管理成本与风险。

2. 桌面虚拟化技术面临的问题

（1）集中管理问题。多个系统整合在一台服务器中，一旦服务器出现硬件故障，其上运行的多个系统都将停止运行，对其用户造成的影响和损失是巨大的。虚拟化的服务器合并程度越高，风险也越大。

（2）集中存储问题。默认情况下，用户的数据保存在集中的服务器上，系统不知每个虚拟桌面会占用多少存储空间，这给服务器带来的存储压力将会是非常大的；不管分多少个虚拟机，每个虚拟机都还是建立在一台硬件服务器之上的，互相之间再怎么隔离，其实和虚拟主机一样，用的也是同一个 CPU、同一个主板、同一个内存，用的还是同一个机器的硬盘，如果其中一个环节出错，很可能就会导致"全盘皆输"。总的来说，使用虚拟机并不比使用物理主机具有更高的安全性和可靠性。若是服务器出现了致命的故障，用户的数据可能丢失，整个平台将面临灾难。

（3）虚拟化产品缺乏统一标准问题。由于各个软件厂商在桌面虚拟化技术的标准上尚未达成共识，至今尚无虚拟化格式标准出现。各虚拟化产品厂商间的产品无法互通，一旦这个产品系列停止研发或其厂商倒闭，用户系统的持续运行、迁移和升级将会极其困难。

（4）网络负载压力问题。局域网一般不会存在太大问题，但是如果通过互联网就会出现很多技术难题，由于桌面虚拟化技术的实时性很强，如何降低这些传输压力，是很重要的一环；虽然千兆以太网对数据中心来说是一项标准，但还没有广泛部署到桌面，目前还达不到 VDI 对高带宽的要求。而且如果用户使用的网络出现问题，桌面虚拟化发布的应用程序不能运行，则直接影响应用程序的使用，其对用户的影响也是无法估计的。

第2章 水工程安全的移动云技术

2.1 概　　述

2.1.1 水工程面临的安全挑战

以江苏省为例，江苏省地处长江、淮河下游，东濒黄海，境内地势平坦，平原辽阔，湖泊众多，水网密布，海陆相邻。省内分布长江、太湖、淮河和沂沭泗四大水系，长江横穿东西，大运河纵贯南北，东部海岸线长954km。新中国成立以后，江苏省先后在20世纪50年代、70年代、90年代、本世纪初掀起数次大规模的水利建设高潮。已经初步建成了流域性堤防、水库、水闸、泵站等在内的多类型水利工程，形成了集防洪、排涝、调水、灌溉等为一体的水利工程体系。水工程的兴建为促进全省经济社会又好又快发展，提供了重要的基础保障。

随着水利信息化的快速发展，水工程安全自动化监测系统得到了广泛应用，为各类型水利工程提供实时、充足的安全监测数据。此外，针对当前监测数据量猛增、用户工作方式改变、多类型监测服务需求量增加等现状，传统的水工程安全监测信息管理存在一些亟须改进的方面。如服务器、客户终端设备通常以有线的方式部署在固定场所，显示终端可移动性差且对库区内部通讯网络依赖性较强；信息共享与数据交换效率较低，数据访问的安全性以及信息反馈的实时性存在弊端；应用软件使用的便携性和可交互性具有较大的局限性等。这些问题的存在造成了监测信息的发布滞后，管理者不能随时随地对监测信息进行查询、管理与分析，无法及时了解水工程安全状态并快速准确做出决策。极有可能会阻碍水工程安全险情的及时发现，延误采取补救措施的最佳时间，造成严重的、不必要的生命财产损失。

2.1.2 移动云

随着 3G、4G 技术不断普及、5G 技术的完善以及 WiFi 的全面覆盖，移动互联网应用日渐丰富，已经应用到了社会和生活中的各个领域。近年来，随着移动终端操作系统与通讯技术的日渐成熟，移动应用在互联网应用中占据着越来越重要的地位，很多领域的办公终端逐渐从 PC 机向手机、平板电脑等移动终端扩展。移动终端具备丰富的无线通信方式、固化存储介质以及强大的信息处理能力，其具有使用率高、操作简便、携带方便等优势。移动终端正逐渐从简单的电子通信工具转变为专业性的综合信息处理平台，能够为水工程安全监测信息的综合管理提供更加高效和优化的手段。

云计算的应用和发展并不局限于个人计算机（PC）客户端，近年来基于手机移动终端的云计算服务相继出现，移动云计算是云计算技术在移动互联网中的应用。基于云计算的定义，移动云计算是指通过移动网络以按需、易扩展的方式获得所需的基础设施、平台、软件（或应用）等的一种 IT 资源或（信息）服务的交付与使用模式。移动云的建设使用大量计算机构建资源池，并通过资源池来实现计算任务，能够按用户需要为用户提供存储空间、计算力、信息服务等功能，满足了用户对终端设备的计算和存储等资源愈来愈高的需求，促进了移动终端资源与移动互联网的优势互补、高效结合。因此，将移动终端与云计算相结合应用于水工程安全监测信息管理领域，有利于提高工作效率，降低运维成本，为解决传统水工程安全监测信息管理模型与架构的弊端提供了新的思路和实施方案。

2.1.3 移动云的特征

当前市场上所销售的移动智能终端各项技术参数已经达到前所未有的高度，CPU、主频、存储能力等得到极大的提高。但是，与传统的 PC 机相比较而言，单纯依靠移动终端对海量数据进行集中处理，其难度仍然较大。终端设备对比见表 2-1。

移动云特有的技术优势则为解决上述问题提供了途径，移动云的特征总结包括如下四个方面：

表 2 - 1　　　　　　　　　　　　终 端 设 备 对 比

终端类型	PC 机	笔记本	手机	平板电脑
便携性	差	较好	好	好
存储能力	高	较高	一般	一般
计算分析能力	高	较高	一般	一般
可视化效果	好	较好	一般	较好
续航能力	无	一般	较高	较高
交互与用户体验	较好	较好	好	好

（1）硬件配置共享。移动云依托移动网络进行数据存储和运算分析，对移动终端本身的存储和计算能力的依赖性极大降低。用户无需关心存储和计算的物理设备在哪里、如何工作、具备怎样的处理能力，终端设备只需拥有基本的硬件配置就能够基于网络有效地发挥智能终端应用的最大效用。

（2）时空便捷服务。移动终端本身的一大优势即不受空间、时间限制，让用户随时随地使用终端应用。同样，移动云服务能够满足用户通过移动终端访问云端的需求，打破地域和时间的限制，从而能够显著提升用户的应用体验。

（3）资源信息共享。移动云计算中数据的存储都是在移动互联网中进行的，各个用户终端将自己的数据信息存储于云端之上，不同用户之间通过移动网络即可实现信息资源的相互共享。

（4）按需提供弹性服务。移动终端用户的应用需求是多种多样的，移动云计算以移动网络作为媒介向用户提供各种服务，而这种服务是根据用户需求不断弹性变化的，即确保用户需求的个性化定制，保障了资源合理利用，降低了服务荷载。

2.2　基于 O2O 的水工程安全信息管理模式

2.2.1　O2O 模式概述

O2O 即 Online To Offline，这个概念最早来源于美国。O2O 的概念非常广泛，只要产业链中既可涉及到线上，又可涉及到线下，就可通称为 O2O。

O2O 模式通常运用在电子商务领域，即将线下商务的机会与互联网结合在了一起，让互联网成为线下交易的前台。这样线下服务就可以用线上来揽客，消费者可以用线上来筛选服务，且成交可以在线结算，很快达到规模。近年来O2O模式与移动终端结合发展，形成了移动商务O2O模式。其包括如下特点：

（1）对于用户，O2O可以带给他们更丰富、全面的商家服务信息，还能够获得相对于线下直接消费更便宜的价格。

（2）对于商家，O2O则能够给予他们更多的宣传和展示的机会，而且其宣传效果容易测量，推广效果可查询，每笔交易也可以跟踪。O2O还能帮助商家掌握用户的相关数据，更好地维护好客户并拓展新客户。

（3）对于O2O服务提供商来说，这种商业模式可以为他们带来大规模、高黏度的用户，帮助他们获得商家资源以及充沛的现金流。在掌握用户数据的基础上，还可以为商家提供一系列增值业务。

O2O模式将商务信息和实物之间、线上和线下之间的联系变得愈加紧密。该模式充分利用了互联网跨地域、无边界、海量信息、海量用户的优势，同时充分挖掘线下资源，进而促成线上用户与线下商品与服务的交易。水工程安全监测信息管理模式完全可以借鉴O2O思想，将线下监测、分析等需求作为服务指令与移动互联网结合，并在线上进行需求筛选、预处理和信息挖掘，进而分发需求至服务商、专家、技术支持人员手中，相关人员通过移动终端线下异地会商，分别处理各自可以解决的问题，将最终结果通过网络再传送到需求发起终端，直至解决问题。这种基于O2O的水工程安全信息管理模式能够加强人员间的沟通与联系，优化信息资源调配，可以为水工程安全信息管理提供一种全新的信息处理流程与管理模式。

2.2.2 水工程安全信息管理的O2O模式

目前对于水工程安全信息管理还停留在数据监测层面，尚未形成一个人员互动、信息共享、实时评价机制。一旦出现监测异常，传统的信息管理与处理流程复杂，耗费成本高、工作效率低（图2-1）。最初的安全问题通常由工程管理单位的安全监测管理相关人员发现，他们通过自动化监测软件或人工监测发现信息异常并立即整合相关问题上报部门负责人；部门负责人根据上报情况与数据资料进行初步分析判断，如果无法自行处理则继续上报至主管领导；主管领导通常会召集相关技术人员和负责人进行内部分析，如果仍然无法提出较好的分析方案则立即寻求外部力量支持；最常见的就是寻求相关领域专家的专业性分析意见，或者直接联系监测系统服务商提供自动化系统相应技术服务；但是由于各位专家和系统服务商极有可能不在工程本地，就需要在短时间内通过有限资料在异地进行分析并提供辅助决策，或者立即赶赴现场实地进行问题排查，最终将解决方案提交相关领导，进而解决相应问题。总结传统模式的大坝安全监测信息管理与处理流程，涉及的各方面人员、机构众多，相关人员之间沟通程序复杂，问题处理机制成本高、耗时长，不利于水工程安全监测信息的高效管理与应急处理。

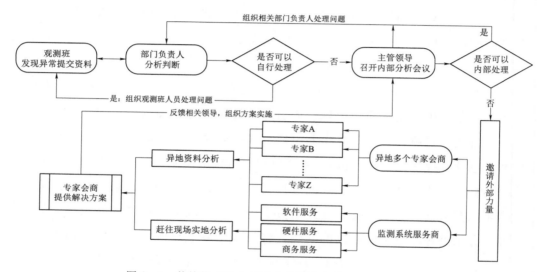

图 2-1　传统模式的大坝安全监测信息管理与处理流程

综上所述，在水工程安全监测信息管理中引入 O2O 模式的思想，通过建立合理的信息交互管理模式，提供一个开放、共享的平台，让监测人员、上级领导、领域专家和系统服务商等多方人员能够通过线上、线下、PC、移动终端等多途径、多终端地实时查阅和分析监测信息相关内容，实现线下和线上实时同步，并实现互动交流与适时评价会商，进而形成全新的水工程安全监测信息管理模式。基于 O2O 的水工程安全监测信息管理交互模式的设计如图 2-2 所示。为水工程管理单位、异地专家、系统服务提供商等多家单位涉及的多方人员配备信息管理移动终端，任意终端都可以提出需求和应答问题，让用户在线下完成自己的需求编辑或应对方案编写；相应需求指令通过无线通讯网络传递、汇集到互联网络中心；在中心构建的信息处理与管理平台上对需求进行线上的数据共享与管理、信息筛选与反馈、资源分配与协调，实现在线数据共享，多用户实时同步互动，集群决策分析，达到专家会商的效果；最终获得问题解决方案，通过互联网分发到问题提出方移动终端，相应人员根据专家会商的结果采取有效措施，解决相应问题。

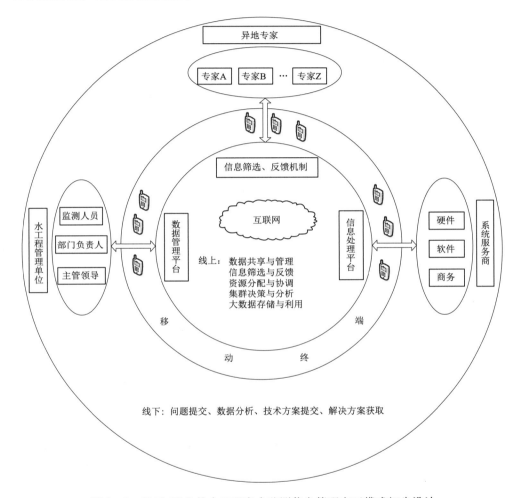

图 2-2 基于 O2O 的水工程安全监测信息管理交互模式初步设计

基于 O2O 思想的水工程安全信息管理交互模式加强了人员间的沟通与联系，优化了信息资源调配，可以为水工程安全信息管理提供一种全新的信息处理流程与管理模式；同时，传统的水工程安全监测信息管理方式也具备处理流程稳定、技术规范成熟、人员掌握程度高等优势。因此，对于传统模式不应当全盘否定，需要充分吸收传统模式中的优点集成应用到基于 O2O 的新型管理模式中来，充分发挥各方面水工程安全信息管理的技术优势。

在全新的水工程安全监测信息管理系统层次架构模型建立的基础上，对信息管理平台的部署及功能服务进行设计（图 2-3）。基于 O2O 的新型水工程安全信息管理平台可适用于群体性水利工程安全监测的集中管理，数据汇集管理中心可以部署在流域或区域管理中心，也可以在异地监测系统集成单位进行统一管理。网络通信方式需综合考虑信息中心与监测现场的位置关系和信号通达能力来确定，通常由移动互联网（3G、4G、5G）、短距离无线传输（蓝牙、ZigBee、WiFi、RFID）、低功耗广域网（NB-IoT、Lora、SigFox）、卫星、超短波等多种传输方式，目前以 GPRS 移动互联网和卫星等通信方式为主，亦可多通信方式主备切换，保障数据收发和信息传输的稳定性。平台客户端部署不需过多操作，只需通过网页浏览器直接访问平台服务即可，移动终端安装客户端 App 安装包，一键式完成，最大化简化用户操作过程。

功能应用通过互联网发布或 App 自动更新，包含核心服务具体如下：

（1）远程自动化监测采集。在控制中心以定时自动采集或异地实时采集的方式，获取各个水工程安全监测现场传感器监测数据。

（2）数据自动预处理与整编。实现监测采集数据定期自动入库、成果计算、数据质量控制与整编等工作，保障数据质量。

（3）综合信息管理。实现工程的基本信息（如工程名称、简介、典型断面信息等）、仪器信息（如仪器类型、生产厂家、详细信息、计算公式、仪器参数等）、测点信息（如监测项目、测点详细信息、测点空间信息等）、监测数据信息以及图表信息等综合信息的管理，支持对海量信息进行筛选、排序、检索、复制等操作，达到动态、批量化海量综合信息管理的目的。

（4）自动预警推送。对现场各种异常情况、报警事件进行分析、归类，指出其发生的时间、报警内容，判断发生故障的原因、故障地点，能以信息推送的形式发出预警信号，并生成报警事件总汇表。

（5）智能分析评价服务。利用大数据挖掘技术和水工结构健康诊断理论，实现监测资料检查分析、信息初步分析、实时分析、离线分析、综合评价等，定期编写水库安全专题分析评价报告。

（6）服务线上交流。各用户可根据自身的业务需求，通过终端在线上联系平台内任意专家、设备厂家、集成商，同时平台能够自动筛选针对用户问题最合适的接收对象进行推荐，用户之间也可建立临时在线交流，解决应急事务。

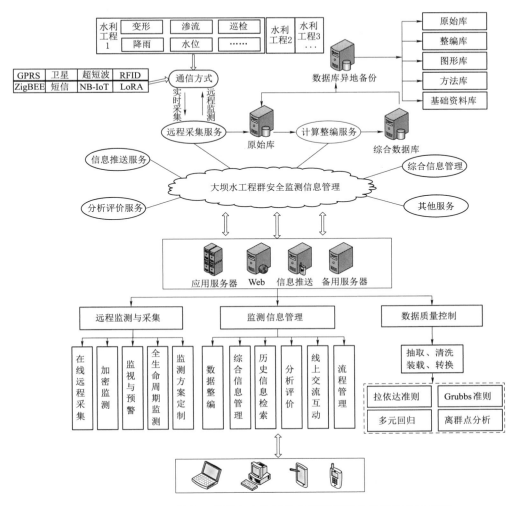

图 2-3　基于O2O的水工程群安全监测信息管理部署及功能服务示意图

2.2.3　移动交互应用设计

1. 信息管理平台架构

水工程安全监测信息管理的基础是数据的实时采测，核心是信息的综合管理，关键是数据资料的交互展示与分析评价。基于移动终端的水工程安全监测信息管理平台的构建，应当包含与已有自动化数据采集系统的无缝对接，中心专题数据库的综合管理，以及后台信息整编、成果转换、数据交换等逻辑服务的构建（图 2-4），充分利用移动云计算的数据存储、计算处理与资源共享优势，形成以水工程安全监测业务为主体的、弹性高效的信息管理平台。

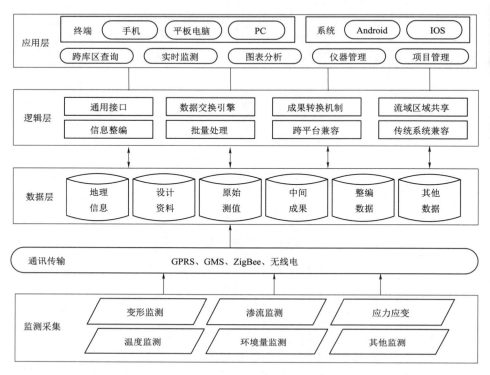

图 2-4　基于移动终端的水工程安全监测信息管理平台架构示意图

监测采集层可以通过 GPRS、GMS、ZigBee、4G、NB-IoT 等多种通信方式实现信息传输与采测，对水工程的变形、渗流、温度、应力应变及环境量等多种监测项目进行实时监测与采集，为移动终端所需资料信息提供实时、可靠的数据来源。

数据层将原型观测数据经过针对性的对比、筛选、验证、计算、整编等工作，形成高度凝练且可靠性强的成果数据集，与设计施工文件、库区地理数据等外部资料共同构成水工程安全监测综合专题数据库。数据库的集中建设与管理为数据采集、信息处理、信息发布等子系统提供统一的数据源，保证监测采集源头、后台服务处理以及移动终端管理的数据具有一致性。

逻辑层通过建立信息整编、数据交换和共享、通用接口、成果转换等多种服务机制，提高水工程监测海量数据查询、交换、共享与展示的效率，减轻前台移动终端的资源负担。

应用层的移动终端系统包括客户端信息展示、后台数据交换和信息分发服

2.2 基于 O2O 的水工程安全信息管理模式

务三个部分，在应用服务建设方面需要兼顾终端的多样性和系统的兼容性，加强平台终端应用的通用程度；此外，应当结合水工程安全监测行业特点和用户需求，提高应用的可操作性，提供丰富、实用的终端功能服务。

2. 客户端设计

前台客户端面对的是水工程安全监测信息管理的主体用户，针对不通用硬件设备和操作系统的差异性，终端应用以当前市场上的主流操作系统 Android 为例进行设计，并预留后期 IOS 等其他移动系统的接口，终端适用包括 800×480，1280×720，1920×1080，1136×640 等在内的主要分辨率，确保不同终端的应用界面布局和可视化效果具有一致性。由于水工程安全监测仪器种类多、数据量大，海量信息的显示与移动终端界面空间的局限性形成突出矛盾。因此，在客户端功能设计和资源分配时，需要充分利用现有资源，通过数据分层展示与资源分步利用的方法克服显示界面的约束。并且在客户端尽量避免海量数据交换和复杂数据处理的过程，将大数据交换与分发交由后台集中统一处理，客户端作为后台成果发布与展示的媒介。此外，移动终端应用的功能设计充分参考传统终端应用，在保证功能全面性的基础上，依据水工程安全自动化监测系统的特点及监测信息的展示需求，充分利用移动终端的优势进行功能优化。

3. 终端应用功能设计

基于移动终端构建水工程安全监测信息管理平台：通过建立综合数据库管理中心，以公用互联网服务为基础，将终端应用、中心数据交换、信息分发等服务向水工程安全监测用户开放。终端应用的主要功能包括：用户注册与登录、实时在线监测、历史信息查询、运维管理、图表统计分析、任务处理流程、预警信息推送等。信息管理平台以移动设备作为应用服务终端，让用户能够随时随地掌握水工程安全监测信息，宏观了解工程所在区域整体监测状态，并支持水工建筑物各类微观监测信息的即时发布，进一步提升水工程安全监测信息管理的实时性、便捷性与安全性。

（1）注册与登录。水工程安全监测信息管理面对的是多类型用户，信息来源可能包含流域或区域内多个工程信息，因此在终端应用的管理和数据操作的安全性上必须有所保障。移动终端应用提供用户注册功能，首次登录平台的用户必须进行身份注册和权限审核。注册时需要与用户常用社交应用账户（如 QQ、微信等）进行绑定，平台管理员根据用户的不同身份类型进行用户分类和

53

权限分配。用户类型通常包括管理员、上级领导、监测人员、普通访客等，不同类型用户对终端应用操作的权限精确到每一个操作过程。此外，用户信息通过特定的加密算法进行加密处理，在后台集中统一保存，既保障了用户信息的保密性，又能够实现平台、数据、服务的多层级的安全防护。

（2）实时在线监测。终端主体界面显示水工程项目宏观信息，包括所在区域或流域电子地图、重要测点监测信息、监测仪器状态信息等。数字地图作为显示项目所在区域主要形式，通过图形缩放、平移、切换遥感/数字影像等基本操作功能，表征监测区域及周边地区基本地理环境。地图中央显示水利工程所在位置，以标记点形式显示库区的重要监测测点并显示实时监测信息，通过标记点的链接功能可以对监测的详细信息进行检索和图表绘制。在地图界面底部，对自动化监测系统在用仪器的部署情况进行实时统计，标明仪器设备运行情况，并对故障仪器和异常数据进行预警提示。

（3）历史信息查询。移动终端应用支持对水工程安全监测项目的历史监测数据进行查询，通过选择仪器编号或监测点号查询任意一支仪器的基本信息以及任意时间段内的历史监测数据和过程线。由于水工程安全监测项目种类复杂、仪器数量多，在数据查询前需要对监测仪器进行分类检索，进而提高查询效率。终端应用提供按仪器类型、监测项目、监测部位、图形导航、智能搜索等五种仪器检索方式，用户利用各自熟悉的检索方式快速定位测点，选定仪器进行数据查询。在历史数据的查询过程中，用户能够指定任意起止日期，选择数据源（原始库、整编库）和数据类型（正常值、异常值）对选定仪器历史数据进行信息查询并支持图表切换。

（4）运维管理。运维管理模块主要提供对项目所属工程、仪器、测点等自动化系统监测基本信息查询、维护与管理，确保终端应用信息与实际自动化监测系统运行情况一一对应，让用户随时掌握水工程安全监测硬件设备及工程基本情况。其中，仪器信息管理包含对仪器分类、计算公式、计算参数、监测项目、仪器厂家等基本信息的管理，拥有高权限的用户还能够对信息进行编辑与修改，保障信息的真实性与可靠性。此外，工程信息管理是对工程概况的描述以及记录工程项目重大事记，实现项目工程基本信息的查询与管理。

（5）图表统计分析。终端应用涉及的信息图表在后台数据交换与信息发布平台上进行处理，根据用户的业务需求，以移动终端作为传播媒介，通过图片或报表的成果形式对外发布。用户能够指定任意时间段和需要的数据源，选择不同的图表分组，形成图形、列表进行选择调用。图表分组根据变形监测、应力应变、温度监测、渗流监测以及不同类型的仪器进行分类，图形以曲线、柱状图等形式显示。数据报表支持年报、月报、时段报表等多种形式，通过图表的信息展示，对某一时间序列数据组合进行特征值统计和初步的数值分析，并通过数据变化趋势判别工程运行的安全情况。

（6）任务处理流程。根据水工程安全监测业务需求，建立多种常用业务处理流程，如巡视检查、监测成果整编、异常信息处理、专家会商等。其中，巡视检查主体用户为水工程安全监测人员，能够根据工程实际需求制定巡检计划，相关人员按照计划定期领取任务并按指定巡检路线进行巡视检查，实时上报和记录工作过程。监测成果整编流程是用户通过移动终端获取历史监测数据，自定义制作和形成报表、图形等成果资料，并输出为资料整编报告的一系列处理过程。异常信息处理流程主要针对客户端用户，发现数据及工程异常，即时通过终端上报至数据中心平台，由平台进行筛选判别，并将具体异常发送至特定的用户群体来进行分析、处理。专家会商是指行业内的专家用户通过接受中心平台报送的异常分析需求，多专家通过手机终端在线进行异常会商，并由线下处理，最终将处理结果提交反馈至中心平台。

第 3 章　水工程安全云服务平台设计

我国于 20 世纪 70 年代开始，对以大坝安全监测自动化系统为代表的水工程安全监测信息化技术开展研究。90 年代以后，随着通信技术、微电子技术、软件工程及传感技术的深入发展与创新，信息化系统建设和相关软件产品研发得到实质性发展，我国水工程安全监测研究取得长足进步，一系列软硬件产品投入应用，自动化监测系统上线运行。进入 21 世纪，云计算、物联网、大数据挖掘等新兴信息化技术发展迅猛，在电子商务领域获得广泛应用。借此东风，水工程安全监测系统的实用性、可靠性、稳定性以及实时性均得到较大提升，自动化监测系统步入跨平台、高智能、多服务的深入应用时期。建立基于云计算技术的水工程安全云服务平台是水利信息化的重要发展趋势之一，意义重大。

3.1　现状与需求分析

3.1.1　水工程安全监测信息化系统现状

水工程安全监测信息是支撑水利工程设施实时在线安全管理的重要信息，同时也是对水工建筑物实现安全评价和健康诊断的基础性资料。随着自动化监测技术的不断发展，水工程安全自动化监测技术已经相对成熟，成套的测控装置、传感器、系统软件广泛应用于实际工程项目中。

水工程安全自动化监测系统工作流程一般包括：利用布设的各类监测传感器、信息监控设备、数据传输装置构建自动化采集硬件体系，定期或实时采集监测信息集中存储，并采用各种监控指标与实测数据进行对比和校验，针对所得实测值对异常方面实施快速及简便的判断和评估工作。因此，实时在线监控采集、自动化批量数据检验、监测信息综合管理与评价是水工程安全自动化监测系统工作流程的三个重要组成部分。其中，实时在线监控采集是自动化监测的本质和基本条件，自动化批量数据检验是海量监测数据管理以及安全信息评价的基础，监测信息综合管理与评价是水工程安全监测的核心目标。

1. 数据采集系统

当前国内水利工程安全监测数据自动采集系统，依据采集方式的不同可大致划分为混合式、分布式及集中式三类。数据测控单元（MCU）是水工程安全自动化采集系统的重要组成部分，当前具有特色及代表性的 MCU 有澳大利亚的 DTMCU 系统、美国的 GeoMATION2300 系统以及国产的 DG 型系统及DAMS 型系统等。这些系统在实际工程实践当中得到不断完善及多元改进，其在技术方面已经逐渐成熟，在水工程安全监测数据自动采集系统中相应的可靠性、稳定性及实时性方面均得到显著提升。

2. 信息管理系统

我国于 20 世纪 80 年代开始对水工程安全监测信息管理系统进行研制，到了 90 年代初期，随着网络通信技术及计算机软硬件的快速发展，信息管理系统在运行性能、应用功能、运行效能等方面的能力均得到提升。国内多家单位开始对功能较强、形象直观及界面友好的安全信息管理系统进行开发和应用。

目前水工程安全监测信息管理系统通常包括数据预处理、在线监测、信息检索、图形制作、统计模型、离线分析等功能。系统架构主要采用 B/S、C/S 和混合模式三种架构，信息管理利用客户端计算机作为工作媒介，以单机应用程序或网页浏览的形式对外发布安全监测信息，并对实际监测项目中所涉及的监测仪器、测点、设备等信息进行集中批量化管理。中心服务器采用专业数据库管理引擎实现工程安全监测综合数据的集中管理，将数据原型观测数据、整编数据以及外部数据进行融合，构建安全监测专题数据库，为信息发布和资料分析提供信息支撑和数据保障。

3. 数据整编与分析评价系统

水工程安全监测数据信息的最终目的是用于工程安全的统计分析、综合评价和成果输出。当前国内自动化监测系统供应商基本可以实现监测数据的自动化整编处理，形成水利工程运行管理单位业务所需的报表、过程线等图表成果资料，并进行常规基础性的数值分析。与此同时，采用包括数值分析、GIS 技术、结构分析在内的多种先进理论技术，对监测信息的图形可视化、构建数学模型及离线分析等方面进行功能开发，形成信息化数据整编与分析评价系统，实现对水工程安全的辅助决策，提升水工程安全监测信息的可用性和科学性。

3.1.2　业务应用需求分析

随着水利信息化的快速发展，水工程安全自动化监测技术不断完善，全国各类型水利工程安全自动化监测系统大量上线运行，部分成熟系统已经稳定运行 10 余年，在实时监测水工建筑物安全性态和水工程运行情况等方面发挥了积极的作用。与此同时，以云计算、大数据、物联网等为代表的现代信息技术快速发展，互联网＋行业应用不断深化，水利水电行业在工程安全监测领域还有较大的发展空间和有待优化、完善的地方。

1. 水利工程群体安全监测与资源共享

近年来随着流域、区域性水利水电开发事业的蓬勃发展，大坝、堤防、河渠等工程安全的自动化监测、信息管理与分析评价范畴逐渐由单一性工程向群体性管理深化。水工程群安全统一管理的前提是已有信息化系统的资源整合、多个工程管理部门业务流程的统筹规划以及新平台管理标准和规范的顶层设计。其中，各类系统信息孤岛的形成造成多工程资源共享难度大、数据融合度不高，亟须探寻一种对多工程、跨平台综合信息有效存储和融合的信息管理方法。

2. 水利工程全生命周期安全监测与管理

水利工程的建设、运行和维护要经历设计、施工、运行等多个阶段。过去对于水工建筑物安全的监测与管理主要偏重于运行期，对于施工期的安全监测重视度不够。施工期作为工程建设的重要时期，大量监测基础数据都在此阶段产生。但由于施工人员素质参差不齐，施工期现场条件限制造成信息管理技术落后、效率低下，极易造成工程安全监测原始资料的永久性缺失，最终施工期的观测资料与运行期监测数据无法衔接。因此，对水工程进行全生命周期的信息化监测与管理极为重要。

3. 海量综合监测数据质量控制与信息挖掘

自动化监测系统的长期稳定运行带来监测数据量的快速增长，除工情信息外，相关区域水情、雨情、水质等海量异构综合信息数据堆积。在大量的监测数据中即包含有用信息，又含有无效数据。如何在保障监测数据质量的同时，又能够自动挖掘有价值的监测信息并加以分析利用，是水工程安全监测系统建设后期亟待解决的问题。

4. 多元化水工程安全监测与信息管理方式

传统的水工程安全监测系统建设通常以有线的方式进行通讯组网，在固定的场所利用工作机完成对工程运行安全的准实时监测。这种监测与管理方式对场地、监测项目、监控频次以及管理对象的选择上相对固定和死板，对监测信息的反馈以及应急情况处置的实时性较差。因此，搭建水工程安全监测信息管理云平台，在软件层提供手机终端、PC机、平板电脑、网页浏览器等多元化的信息查询、管理、预警与评价方式，是水工程安全监测平台化软件业务发展的趋势。

5. 信息化系统建设后期运维优质服务供给

我国水利工程数量众多，各个类型工程的管理运行水平参差不齐。尤其对于小型水库以及偏远地区堤防、河渠、闸坝，往往在系统建设和工程管理方面投入人员、经费有限，即使能够一次性建设自动化安全监测系统，其后期运行维护工作往往较难得到保障，造成系统闲置，仪器设备使用寿命减短。因此，基于互联网通讯建设水工程安全监测管理云平台，工程运行管理单位可将系统建设后期运维服务交由平台建设方托管，由专业人员实时监视和维护监测数据，并通过平台对外提供预警信息推送、问题解决方案、定期整编报告等优质服务，可以极大地解放运行管理人员的工作压力，提高安全监测系统运行管理效率和可用性。

3.1.3　云平台建设基本要求

水工程安全云服务平台以水利工程安全监测、管理和预警为目的而建设，兼容已有信息化系统的运行，整合现有资源并可扩展新系统。满足工程安全监测、指挥决策、应急预警、专业办公等各类型软件的开发、测试、运行应用场景需求，相对独立运行的同时资源互通，弹性、按需管理。为各级水工程运行管理单位提供信息共享、集中管理、高效运转、智能决策的系统运行环境，提升水工程安全监管的信息化水平。

水工程安全云服务平台与通常的云计算平台构成基本一致，主要由计算资源池、存储资源池、异地备份系统、网络系统以及相关辅助设备等组成，各组成部分协同管理，构成弹性可靠的云计算平台。

1. 计算资源池的基本要求

硬件利用按需分配。充分提高硬件设备整体的利用率，实现物理资源、虚拟资源的池化管理，各个水工程或业务系统资源按需、动态使用，即时申请，快速提供，确保系统平台硬件的高利用率。

保障平台稳定性和可靠性。考虑水工程安全监测的实时性，通过冗余设计和部署软硬件，以及虚拟机 HA 故障转移和快速中断回复的功能设计，保障平台自身具备良好的稳定性和可靠性，尽可能减少故障情况下业务系统的中断时间，并快速自动恢复业务系统。

具有新老业务系统的兼容性。对已建的水工程业务系统尽可能完全兼容，整合现有资源迁移到云平台上，确保业务逻辑关系和业务能力保持不变，无须从业务系统建设的角度进行系统改造；对新的业务应用需便于云平台资源的快速申请、部署和适应，对今后的系统扩充和升级不影响原有系统运行，实现平滑过渡。

高安全性。云平台必须具备多重安全保障措施，从硬件层、虚拟化层、网络层、传输层等各个层面为业务系统提供安全保障。

2. 存储资源池的基本要求

存储资源池的安全性和可靠性考量。数据是一切业务系统运行的血液，保障数据存储的可靠和安全是平台建设的重要工作，同时也是存储资源池建设的核心内容。水工程安全云服务平台涵盖各种类型的水工建筑物业务监测系统，数据量大、结构复杂、收发链条密集，因此云平台存储资源池的存储架构、池化设备和管理软件建设都必须提供高安全性和可靠性，保证业务系统连续安全运行。

存储的可扩展性。作为云存储平台的基本要求，除能支持巨大的存储容量和处理能力外，还应支持共享式、分布式存储设备的统一集中管理。随着时间的推移、技术的发展以及环境的变化，业务系统的数据量会飞速增长，新业务系统会不断产生，对存储系统和服务器系统的可扩展性有很高要求。主要表现在对系统容量的平滑扩充以及对新的主机系统的平滑连接，以尽量减少对已有正常业务的影响并能充分利用已有的平台。

保障并发性能和系统响应。水工程安全云服务平台根据业务持续发展在不断扩展，用户量、数据量、业务量、服务需求量非线性增长。平台存储性能建设过程中不但要考虑长时间存储规模的扩充和弹性变化，同时也要考虑瞬时多端并发访问和系统响应的效率，不得存在明显的性能瓶颈。

跨平台的信息交互能力。水工程安全监测业务系统的建设厂家众多，各个业务系统的平台建设不尽相同。因此，云平台对各种需要纳入云平台的异构平台需要有良好的信息交互能力，作为集中存储的基本要求，存储系统必须能够同时连接多种不同的主流服务器平台，兼容 Unix、Linux、Windows、虚拟化等服务器及工作站，支持跨平台、多协议的兼容和对接，以满足数据集中存储管理的需要。

存储资源池通常可采用分布式和集中共享式架构相结合的方式。其中分布式硬盘集群架构通过对本地硬盘虚拟化，利用硬盘水平集群和堆叠形成集中资源池，向虚拟机提供具备高可用、安全机制的存储空间。同时集中共享式的存储将现有业务系统的存储系统采用的 SAN 方式纳入云存储系统统一管理。

3. 平台基本功能要求

（1）通用要求。

1）提供多种操作系统的虚拟环境管理功能，云计算平台访问接口应遵循国际上被先进国家政府认可的云计算接口标准规范，实现对云主机全生命周期灵活管理。

2）支持灵活的创建、删除以及云主机挂载功能，支持多副本冗余存储，支持快照以及备份、恢复操作。

3）提供对云主机镜像以及快照管理功能，支持自定义镜像上传，支持虚拟机快照以及恢复操作。

4）提供云对象功能，支持用户通过 Web 界面快速上传、下载、管理存储对象，提供 Restful 等 API 交互。

5）能够灵活对 CPU、磁盘 I/O 以及网络带宽等资源进行服务能力限定与保障。

6）提供对云主机、云硬盘、云存储等设备的动态监控和智能预警。

7）提供网络安全管理功能，支持虚拟防火墙功能。

8）提供云管理平台的服务门户，实现云服务的注册、集成、发布、管理，集中共享云服务。

（2）安全防护要求。

1）从云平台整体安全框架、信息交互安全、网络传输安全、虚拟机隔离、数据安全等方面制定安全策略和保障手段。

2）支持集中的日志管理、权限管理、安全警示，以满足系统运维和安全审计需求。

3）从虚拟化、管理、服务器、存储、网络等多个层面制定平台的可靠性策略，如支持虚拟机热迁移、HA、快照等功能，采用1+1备份或负载均衡的方式运行，支持存储冷迁移、支持根据存储访问 I/O 进行存储动态资源调度 DRS。

（3）平台监管要求。

1）云计算平台中虚拟资源、物理资源的统一管理。

2）提供各种软硬件设备的不同级别的告警提示功能。

3）对外提供开放 API 接口，并提供 SDK 开发包，方便用户或第三方进行二次开发，对系统进行进一步集成。

4）根据应用的负载轻重自动调整应用所需要的虚拟机数量，达到资源按需使用，弹性伸缩。

5）提供云管理平台负载均衡器申请，将业务虚拟机关联到负载均衡器，保证业务运行的稳定性和可靠性。

6）云计算管理系统集成桌面云系统的管理入口，可以支持桌面云、云主机的一站式统一管理。

（4）虚拟机快照备份功能。

1）基于虚拟化平台自带的虚拟机快照备份系统，提供易扩展的备份系统。

2）备份系统可以对虚拟机卷（包括系统卷和/或数据卷）数据进行备份，当生产系统由于意外丢失虚拟机卷数据时，系统管理员可以通过备份系统恢复虚拟机卷数据，以保证虚拟机能继续正常工作。

3）云计算平台应提供平台级的数据备份功能，能够通过运营商专线将云计算平台的数据远程备份到异地备份云计算中心的平台上，并提供快速的数据恢复功能。

3.2 平台设计与规划

水工程安全云服务平台设计和实施的主要内容包括资源池的设置、管理平台的搭建以及用户群体的组成（图3-1）。

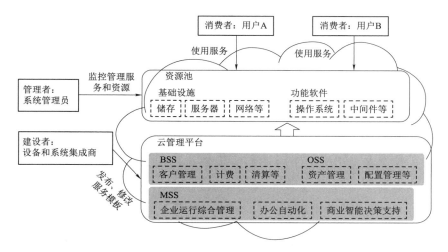

图 3-1 云计算实施的组成要素

1. 资源池

水工程安全资源池是一系列资源的集合，指的是水工程安全监测和信息管理中涉及的数据中心和功能软件，包括服务器资源、网络设备资源、数据存储资源、中间件以及安全防护设备资源等。资源池的设置需要根据不同业务体量、用户规模、所需功能、计算资源能力而确定。

2. 云管理平台

水工程安全云管理平台是基于虚拟化技术并结合行业应用而搭建的，通常由云计算供应商开发，并用于提供和管理云计算业务的控制平台。云计算管理人员通过该平台对云计算服务进行运行监管，开发人员由管理平台开发门户注册与计算服务，服务提供人员通过平台向最终用户提供服务并从中受益。

3. 用户

水工程安全云服务平台的用户包括云平台管理员、业务用户、云平台建设者。平台管理员需要掌握云服务的专业运维技能，负责管理和监控云计算平台的各种服务提供和使用情况。业务用户是针对不同云计算服务业务的实际使用者，根据业务范围的不同，用户所需的云服务程度和性能指标也不完全相同。因此，确定不同类型用户的需求特点是云平台建设的重要工作。云平台建设者通常是指系统集成商或云服务供应商，根据不同的市场需求，建设者指定不同的应用服务方案，提供最优化平台构建方法。

3.2.1　云平台类型分析

建设专业云计算平台的首要工作是对采用的平台类型和模式进行分析、比较，分别从成本、价值、效率、战略定位、风险等方面综合考虑，最终选用适用于用户需求、具备可行性的最优化平台建设方案。

当前云平台的类型如第 1 章所述，通常可以划分为公有云、私有云和混合云三类。综合考虑三类云平台类型的优缺点，结合水工程安全监测用户的需求和实际业务特点，在建设水工程安全云服务平台的过程中可遵循四个阶段（图 3 - 2）。

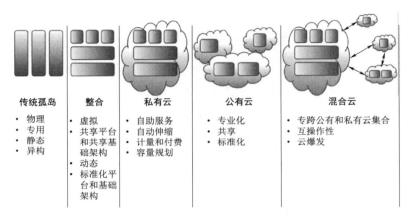

传统孤岛	整合	私有云	公有云	混合云
• 物理 • 专用 • 静态 • 异构	• 虚拟 共享平台 和共享基 础架构 • 动态 • 标准化平 台和基础 架构	• 自助服务 • 自动伸缩 • 计量和付费 • 容量规划	• 专业化 • 共享 • 标准化	• 专跨公有和私有云集合 • 互操作性 • 云爆发

图 3 - 2　水工程安全云服务平台建设阶段

传统 IT 资源整合阶段。通常是云平台搭建和应用的入门阶段，需要对水工程安全监测现有 IT 资源、系统进行系统地整合，其技术内涵仍然是传统 IT 架构。利用自建服务器群组和网络基础，将已有的各独立运行自动化监测系统进行有效集成、统一管理，构建数据中心对数据信息进行统一存储和管理，避免数据孤岛的出现。集合资源系统统一管理和分配，实现用户管理网络范围内的资源共享与信息传递。此阶段实际也是私有云建设的雏形和基础，主要工作内容还处于网络、存储和计算物理设备的扩充整合阶段，对于弹性计算、虚拟化技术、动态资源分配的应用涉及较少。

1. 公有云平台阶段

公有云的提供商通常是大型的 IT 或互联网运营公司，如亚马逊、阿里巴巴、百度、谷歌等。水工程管理单位按需购买运营商提供的云平台服务，享受云存储、高效计算、弹性资源分配、安全防护等服务，在公有云平台上建立独立的业务应用，可以快速搭建水工程安全监测云服务平台，运维管理由公有云运营商提供保障，对用户实际操作人员的技术要求不高，但对运营商依赖较大，需要基于运营商统一的管理、监控和计费。此模式的云平台建设上手较为容易，且应用到了云计算的实质性核心技术，适用于中小型水工程管理单位，是目前性价比和可操作性较高的一种云平台建设模式。

2. 私有云平台阶段

私有云平台建设相对独立，通常 IT 基础设施需在水工程管理单位指定专用的信息接受和管理中心机房进行建设，资源和过程控制都掌握在实际业主单位手中。此外，与公有云不同，私有云的协议和流程是不对外开放的，其服务对象为特定用户，通常用户需要通过特定的软件来进行操作，因此私有云对数据的管理、安全性和服务质量可以根据自身需求形成最佳的控制方案。此外，私有云的独立性决定了其构建成本较高，且后期运维需要配备技术能力较高的专业人员，较适用于区域信息化程度较高、分支机构众多且专业技术人才配备充足的大型水工程管理部门或相应的政府机构。

3. 混合云平台阶段

混合云平台的建设集合了私有云和公有云的优势，在数据存储、安全维护、资源分配等方面可以直接通过购买公有云服务的形式获得，同时在自身管理业务、特点资源流程控制和管理方面可以自建小型私有云平台，使得公有云和私有云资源互通，为我所用。如此，运维压力和建设成本得到缓解，同时管理单位的业务工作具有独立性、私密性和保障性。随着云计算技术的发展以及云平台应用者的不断增多，未来不同云平台之间必将逐渐发展为云与云的关联互通，不同资源集合的进一步交互共享。

3.2.2　云平台的实施模式

目前公认的云平台模式包括基础设施即服务、平台即服务、软件即服务。水工程安全云服务平台构建前期，需要根据不同模式的特点对各自平台模式的选择慎重考量，可以以独立模式运行，也可以以组合模式运行实施（图 3-3）。

以独立运行模式为例，基础设施模式向用户提供灵活动态、低成本的存储、网络、计算资源，其实施通常包括准备计划、开发部署、验证配置、发布和管理四个阶段（图 3-4）。

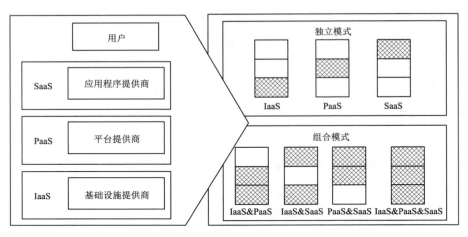

图 3-3　云方案的选择策略

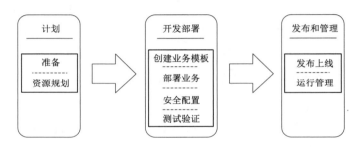

图 3-4　实施基础设施层云计算业务的流程

1. 准备计划阶段

水工程管理单位需要对基础设施资源的可靠性、数据应用和管理的安全性、信息资源的灵活性和伸缩性，以及对外部系统或用户的开放性和可扩展性等进行综合评判，明确业务需求及平台的性能和功能，进而对网络拓扑、存储设施量级、业务负载等基础设施资源进行规划。

2. 开发部署阶段

创建虚拟机模板是本阶段的重点工作之一，不同的云平台对虚拟机模板要求不完全相同，通常可以从基础设施层服务供应商处获取标准虚拟机模板，再根据各个水工程安全管理单位的业务部署需求进行定制、上传，形成相对独立、自动化、可快速部署的云计算平台基础设施层。

3. 验证配置阶段

在开发部署完成后进行，用户可以对工程管理及业务管理等业务运行实例进行验证测试和安全配置（如对本地模拟环境进行业务闭环测试，或对云平台业务集中部署后进行集成测试）。此外，对虚拟机的安全以防火墙设置、数据传输安全、认证方式等方式进行安全配置。

4. 发布和管理阶段

是整个 IaaS 模式的最终阶段，也是面向用户应用周期最长的一个阶段。对开发部署和测试验证完成后的平台上线运行后，运维管理过程可以由专业运维人员或直接通过购买云平台供应商的运维控制台服务来进行日常维护，减轻业务系统的运行负担，保障平台稳定运行。

3.2.3 数据中心建设

1. 概述

数据中心是信息系统的中心，基于网络向公众用户或特定企业提供信息服务。数据中心的概念涵盖了物理、数据和应用的综合范畴：在特定的区域建筑物内，以业务应用和基础辅助等数据为核心；依托信息化技术，容纳了支撑业务系统运行的基础设施，为其中的所有业务系统提供运营环境；遵循统一的标准及架构，实现完整的运行、维护体系，并建立集数据收发、存储、处理、展示、输出、分析为一体的数据信息管理系统。

从传统数据中心到云计算数据中心是一个渐进的过程，尽管基础设施除了在体量上翻滚式增长，与传统数据中心相比，设施的类别和组合差异性并不大。同时云计算数据中心所提供的服务不断升级，依据提供的服务可将数据中心向云计算数据中心转变的过程划分为托管型、管理服务型、托管管理型以及托管管理型和云计算管理型四个阶段。

（1）托管型提供 IP＋宽带＋电力服务。在托管型数据中心里，服务器由客户自行购买安装，期间对设备的监控和管理工作也由客户自行完成。数据中心主要提供 IP 接入、带宽接入和电力供应等服务。总体来说，提供服务器运行的物理环境。

（2）管理服务型提供安装、调试、监控、湿度控制＋IP/带宽/VPN＋电力服务。客户自行购买的服务器设备进入到管理服务型数据中心，工程师将完成从安装到调试的整个过程。当客户的服务器开始正常运转，与之相关联的网络监控（包括 IP、带宽、流量、网络安全等）和机房监控（机房环境参数、机电设备等）也随之开始。对客户设备状态进行实时的监测以提供最适宜的运行环境。除 IP、带宽资源外，也提供 VPN 接入和管理。

（3）托管管理型提供服务器/存储＋咨询＋自动化的管理和监控＋IP/带宽/VPN＋电力服务。相比管理服务型数据中心，这一型数据中心不仅提供管理服务，也向客户提供服务器和存储，客户无需自行购买设备就可以使用数据中心所提供的存储空间和计算环境。同时，相关 IT 咨询服务也可以帮助客户选择最适合的 IT 解决方案以优化 IT 管理结构。

（4）托管管理型和云计算管理型提供 IT 效能托管＋服务器/存储＋咨询＋自动化的管理和监控＋IP/带宽/VPN＋电力服务。托管管理型和云计算管理型就是所谓的云计算数据中心，其托管的不再是客户的设备，而是计算能力和 IT 可用性。数据在云端进行传输，云计算数据中心为其调配所需的计算能力，并对整个基础构架的后台进行管理。从软件、硬件两方面运行维护，软件层面不断根据实际的网络使用情况对云平台进行调试，硬件层面保障机房环境和网络资源正常运转调配。数据中心去完成整个 IT 的解决方案，客户可以完全不用操心后台，就有充足的计算能力（像水电供应一样）可以使用。

水工程安全云服务平台的数据中心建设由管理单位支撑系统、计算设备和水工程安全监管业务信息系统这三个逻辑部分组成。支撑系统主要包括数据中心选址建筑、电力设备保障、环境调节设备、照明设备和监控设备等，这些系统是保证上层计算机设备正常、安全运转的必要条件。计算设备主要包括服务器、存储设备、网络设备、通信设备等平台建设的信息化基础设施，这些设施支撑着上层的业务信息系统正常运行。水工程安全监管业务信息系统是为水工程管理单位、政府决策机构以及公众提供特定信息服务的软件系统，业务信息服务的质量依赖于底层支撑系统和计算机设备的服务能力。因此，水工程安全云服务平台的数据中心建设应当从中心设计与布局、硬件支撑以及业务软件服务三个层面统筹兼顾，才能保证数据中心的良好运行，为用户提供高质量、可信赖的服务。

2. 中心设计与布局

数据中心的设计与布局方案要充分考虑业务平台信息服务的需求，随着信息服务在数量和类别上的迅速增长以及用户数量的不断攀升，管理单位和个人都需要更安全可靠、易于管理、成本低廉的信息服务。因此，水工程安全云服务平台数据中心的设计与布局需从中心布局、网络规划、环境调节、能耗控制、标准化和模块化等多个角度出发，并结合水工程安全的实际信息服务需求，以确保数据中心在经济、高效、安全的状态下运营。

（1）布局选址。数据中心布局一般主要考虑土地、电力、网络与人力四个要素。传统数据中心布局更多地考虑网络因素，在靠近用户的地方部署；一些大型互联网公司在新建数据中心时通常以电力为中心，选择电力便宜且有保障的地方。这种选择的差异性主要在于对网络与能源的成本考虑。由于供给数据中心运行的能源成本存在煤炭＞电力＞网络的现状，输送信息的成本是输电、输煤的1/10左右。因此，输煤不如输电，输电不如输（送）信息。对于超级体量的跨境互联网公司来说，把互联网数据中心（IDC）直接建设在能源丰富的区域，并通过光纤网络把IDC的计算结果传送到用户面前，放大网络信息的成本输出，采用更低成本的能源供给会使得数据中心总体运行成本得到降低，会有现实的经济意义。同时，还要考虑建设区域土地资源的成本，理论上来说，越是偏僻人烟稀少的地方土地成本越低廉，但随之而来的问题是人力资源的缺乏。目前，这一难题可以通过采用模块化、标准化、工业化的IDC建设方式来弥补，以集中化的运维，简单标准的现场物理操作来应对。通过更多地利用自动化、智能化的技术，来减少IDC建设和维护对现场人力资源的依赖。

企业级云平台的数据中心（如省级/流域级水工程安全云服务平台）的布局选址可以借鉴上述分析，但是与国际性大型互联网公司相比，企业级平台的建设具有区域局限性，且数据中心规模远远达不到跨国公司的巨大体量。相对而言，其土地资源及能源供给的差异性并不明显，因而在土地、能源条件差异性不大的情况下，数据中心的选址布局更注重管理者的业务意图以及现有基础设施条件。此外，由于省级/流域级水工程安全云服务平台需要自上而下分级统筹管理，各级管理单位的服务需求以及政府管理的总体政策导向也是重要的考虑因素。以东南沿海省份的水工程安全云平台数据中心为例，以省级行政单位建设统一的信息管理平台，服务与管理对象相应局限于省内的水工程单元。通常由于省级统一管理的建设需求，数据中心一般需要建在顶层管理单位，如水利厅或政府相关信息中心，造成了数据中心区域选址的可选择性本身就不大。与此同时，数据中心建设的规模基本与中型企业级的数据中心相当，能源、土地供应的差异性基本不存在。因此，通常考虑的还是在现有管理体系下，谋求已有网络、场地、人员等基础设施的最大化利用，以管理者的业务意图为导向进行数据中心建设。

（2）电力系统。电力是数据中心运行的动力。电力系统的设计是数据中心基础设施设计中最为关键的部分，关系到数据中心能否持续、稳定地运行。如前文所述，对省级/流域级水工程安全云服务平台的数据中心建设电力能源差异性并不明显，此处电力系统主要从数据中心供电保障的角度进行讨论。

电力系统的设计，需要考虑数据中心的电力负荷限制、电力公司的冗余配备、电力设施的布局。数据中心内的电力负载主要包括照明用电、消防应急系统用电、计算机设备用电、环境调控设备用电。由于数据中心的电力供应理论上是全天时全天候不间断的，在数据中心建设和设计过程中，各项电力负载均需要具备充足的冗余来保证电力系统的可用性，并且需要通过增加电源稳压设备保障电力系统的稳定性。

天有不测风云，确保数据中心供电系统永动机性的运行是几乎不可能的。当基础设备意外掉电，不仅业务中断而且可能导致数据丢失和其他类型故障，因此，不间断电源（UPS）作为数据中心电力系统的备用显得尤为重要。多个UPS设备可以与其他电源同时运行，以便满足数据中心的电力要求。UPS系统还负责消除电压的波动，正常化输入电流，防止物理机等因电压波动而死机。

（3）网络规划。数据中心网络本质是一个多租户网络，需要保持各个租户之间的相互独立和隔离，并为每个租户实施不同的网络服务和应用提供策略，这些服务的计算节点（虚拟机）是面向云用户提供租借计算资源和应用软件服务的。中心网络保证了服务器及存储的互联和访问，结合应用业务的实际需求进行网络基础设施的设计，主要包括网络提供商的选择和内部网络的拓扑设计两个方面。

现在大多数小型水工程管理单位都配备有互联网络，但考虑到安全性问题，业务系统在实际应用时仍然以内部局域网运行为主。而对于区域性的多工程群体性管理，需集成不同地理区域的已建系统，并基于平台数据中心的建设实现资源的统一收发管理。这必然需要通过互联网与内部网络的统一筹划来实现网络互通，所以中心业务的可用性和服务质量在一定程度上取决于网络提供商的服务质量。在数据中心网络建设过程中，网络运营商的选择是至关重要的核心环节。通常现有的大型通信网络运营商都会结合用户的具体业务需求、已有网络条件以及资金人员配置情况，为用户提供合理可行的网络建设方案。如果实际平台业务对网络服务质量的要求比较高，还可以考虑多家网络提供商共同接入。

数据中心的网络结构一般至少包含三个层次：网络提供商的网络接入连接到数据中心的核心交换机；二层交换机向上连接到核心交换机，向下同数据中心的机架互相连接；机架内部的服务器则通过机架内置的网络交换模块同二级交换机连接。每级交换机的性能和出口、入口的带宽选择，都与数据中心内部的负载分布密切相关。

（4）环境控制。环境控制保证数据中心的设备有一个适宜的运行环境，包括温度、湿度及灰尘的控制，为设备运行提供了合适的温度、湿度等中心运行环境条件。环境控制设施的设计需要考虑 IT 设施的规模、中心的布局选址、服务器的类型和数量、基础管理条件等。通常对数据中心环境的控制采用设施性措施和非设施性措施。

设施性措施是指在数据中心增添环境调节设备，通过对温度、湿度、颗粒物等环境要素的自动化调节，保证数据中心信息化基础设施能够在一个合适、可控的环境条件下运行。温度控制作为环境控制中最为重要的问题，已经被广泛研究。现在数据中心常采用的制冷方式有风冷、水冷和机架内利用空气或水热交换制冷等。在基础设施层面，可以引入智能的热管理软件和检测手段，充分实现冷、热风道隔离，以及热耗散的自动补偿。以最低的成本，最快地把热量"吹"出去，这个听起来很"土"的问题，催生了许许多多的高科技企业，甚至形成了该行业的核心竞争力。

非设施性措施是指为了确保数据中心的环境可控、稳定运行，而形成的一系列控制机制、标准规范以及管理体制等。如可以根据信息化机房建设规范在数据中心选址布局的阶段就充分考虑其环境因素，把自然环境条件（如日照时间、太阳高度角、气候性风向等）对信息化设备的影响降到最低。同时中心机房的楼层选择、窗户尺寸和朝向、相邻建筑物的类型和高度等都可以纳入数据中心的建设和环境调控的综合考虑因素。此外，根据业务需求制定严格的环境控制管理体制机制，明确管理人员职责和机房环境监控检查制度，可以进一步完善数据中心环境调节和监管的可操作性。

（5）能耗控制。数据中心耗能问题不仅关系到当前中心的实际运行情况，同时也对今后平台长期运行维护的成本消耗产生直接影响。一般中低密度的企业数据中心（EDC），每年的单位面积电费在 0.4 万～1 万元人民币之间；对于一般的互联网数据中心（IDC），单位面积电费则在 0.8 万～1.5 万元之间。数据中心的电能主要由 IT 设备和机房设备两类设备消耗。IT 设备主要包括服务器、存储设备和网络设备。机房设备包括 UPS、配电设备、线缆、空调机、新风机、加湿器、照明设备、监控设备等。绝大多数数据中心里机房设备的耗电要多于 IT 设备的耗电，因此通常用 PUE（PowerUsageEffectiveness）指标来评价数据中心的能耗控制情况，是数据中心规划和建造时需要考虑的核心问题之一。

PUE 是评价数据中心能源效率的指标，已经成为国际上比较通行的数据中心电力使用效率的衡量指标。PUE 值是指数据中心消耗的所有能源与 IT 负载消耗的能源之比，数值越接近于 1，表示一个数据中心的能效水平越好，绿色化程度越高。根据统计结果，国内中小型的数据中心 PUE 值均在 2 以上，而国外 Google 和 Facebook 等公司设计的数据中心 PUE 值可以降低到 1.2。在目前耗费能源的 4 项指标：IT 设备（44%）、制冷系统（42%）、电源系统（12%）和照明及其他（2%）。降低制冷系统的耗能是关键，也是降低 PUE 值的最有效方式。

为了降低 PUE 值，现在一些新建的 IDC 机房已经实现自然风冷系统，当室外温度低于－20℃时，风冷系统自动启动，将室外的空气过滤后送入机房内，可以有效降低机房能耗。对于大型数据中心，合理的数据中心选址可以显著降低 PUE 值。现在中国电信、中国联通和中国移动均选择内蒙古作为新建云基地，就是因为其冬季漫长严寒，夏季短暂炎热，全年气温 10℃ 以下的天数长达 200 天以上。据公开报道称，三大运营商在内蒙古云基地的中心机房开始运营后，PUE 值可以达到 1.3。多家互联网企业（腾讯、阿里、百度）已经入驻内蒙古的云基地，正在建设新机房，其 PUE 值目标预期降到 1.3 以下。

（6）标准化和模块化。对于大规模的数据中心，为了降低实际运营成本，设计时应尽量以标准化商用硬件为基础，用模块化架构进行设计。数据中心通过模块化和标准化，整合多个相同的基础设施模块和设备，容易实现快速扩展性和快速更换硬件能力，更重要的是，可以实现采购、部署、运营和维护的规模经济。模块化数据中心代表了数据中心未来的发展方向，而微模块数据中心将成为最近 5 年的主流之一，并将大规模替代传统的数据中心。具备绿色节能、快速安装等优势特点的微模块化数据中心将成为在未来竞争中的利器。微模块化数据中心是近年才进入市场的，其基本原理就是将数据中心放在一个盒子里（DataCenterinaBox）。最早的集装箱数据中心来自 Sun 公司的黑盒子项目（SunBlackBox），当时的主要目标是应对一些特殊的应用场景，需要运动的数据中心（DataCenterontheRun）。后来计算机的教科书，把 Sun 公司的黑盒子作为一个范例来展示世界上最快的"网络"。因为 Sun 公司的黑盒子的存储容量非常大，通常网络的传输远不及用大卡车将其从一地拉到另一地再接入网络的速度，低技术赢了高技术（Lowtech won over hightech）。微模块化数据中心最重要的影响在于其将机房土建与 IT 基础设施解耦，从而使得数据中心投入运营的时间大大缩短。对于一些需求，废弃的厂房等都可以瞬间成为上线的数据中心。

3. 硬件支撑

在云计算数据中心的设计过程中，硬件资源支撑是必要的基础条件之一。在云平台建设和运行的全生命周期内，硬件资源在实现可扩展、高可用性能的同时，还需具有较好的经济性，拥有较高的性价比，这对于平台数据中心的长久运行具有现实意义。因此，考虑云平台相对于传统信息化系统的特点，从资源池化的角度，以及服务器集群建设和存储设备两个特定的云基础设施入手，讨论数据中心设计和建设要点较为合理。

（1）资源池。资源池化是云平台相对于传统信息系统的一大特点和优势，不再需要考虑每个业务系统所需的服务器、存储、网络和应用系统等计算资源，并与业务系统匹配。而是采用资源抽象化的方法，尽量对用户屏蔽底层硬件的差异，提供一致的用户体验。

对于已有数据中心进行云计算的升级改造，需要对现有硬件资源进行评估和分类，明确可用资源和补充升级资源。此外，建设一个全新的数据中心，需要进行硬件的全面采购。总体而言，利用服务器、存储和网络的虚拟化技术，将已建或新建的计算资源按照不同的标准组织成不同的资源池，将平台资源动态分配给不同的用户。这样在用户申请资源的时候，系统就可以从资源池中随机地取出资源分配给用户，而不用去关心到底要分配哪台物理设备。对于资源池的划分，通常可以根据不同的计算资源属性来定义，或者根据不同的网络情况来定义，从资源类型考虑可以划分为如下几类：

1）服务器资源池。由大量服务器组成，可以切分出许多小的虚拟机给不同用户。

2）存储资源池。由大量存储设备组成，可以切分出许多小的存储空间给不同用户。

3）IP 地址资源池。由于互联网 IP 地址是一种稀缺资源，因此在云计算中心必须有效管理，避免浪费。

4）网络设备资源池。包括负载均衡器池、防火墙池等。这些网络设备能力各异，虚拟化的方式也不大相同，如何组织这些设备需要在具体场景下具体分析。

在资源池物理资源归类整理的基础上，结合具体业务需求对整体云计算管理平台进行配置和资源整合，确保平台对每个物理资源统一控制。物理资源主要考虑因素如下：

1）硬件类型支持同一虚拟化引擎，当虚拟化技术不同时，一般不可以划入同一资源池。

2）高端和低端服务器的性能存在较大差异，如果划入同一资源池，将会导致用户感受到不同的性能。

3）为了避免大量数据的跨数据中心传输而占用网络带宽，通常同一资源池的地理位置是位于同一个数据中心，如果需要统一管理多个数据中心，一般建议每个数据中心独立建立资源池。

4）对于不同的安全性能要求，为了满足高安全性的网络区域，通常对每个网络区域建设一个独立的资源池，确保安全隔离。

（2）服务器。选择服务器需要综合考虑多方面因素，如数据中心支持的服务器数量，以及数据中心将来要达到的规模和服务器的性能等。云计算中心采用的服务器应该从服务器类型、纵向扩展性、能耗指标等几个方面进行考虑。

数据中心的服务器，按照类型可以分为塔式服务器、机架式服务器和刀片服务器这三大类。

塔式服务器的外观与个人计算机的主机差不多，属于入门级及工作组级服务器应用，主板可扩展性较强，接口和插槽比个人计算机多一些，能够灵活定制，成本较低。但是，塔式服务器占用空间比较大，很难满足规模较大的并行处理应用的要求，不便于服务器集群式管理，移动灵活性较差，通常比较适合业务应用相对简单的中小企业。

机架式服务器是一种外观按照统一标准设计的、配合机柜使用的服务器，通常有 1U、2U、3U、4U、5U、7U 几种标准。机架式服务器的优点是占用空间较小，单位空间可放置更多的服务器，可以方便地与其他网络设备连接，简化机房的布线和管理。其不足之处是扩充性和散热性比较受限制，对制冷要求较高。因此，机架式服务器适合远程存储和网络服务等企业的密集部署需求，基于机架存储管理，有利于日常的维护与管理，降低故障率。

刀片服务器是一种高可用、高密度服务器架构，专门为特殊应用行业和高密度计算环境设计的，其中每一块刀片都是一个独立的服务器，包括系统主板、硬盘、内存等设备，可以通过板载硬盘启动操作系统。在这种模式下，每一个母板运行自己的系统，服务于指定的不同用户群，相互之间没有关联。不过，可以使用系统软件将若干台刀片服务器连接起来形成集群服务器。刀片服务器比机架式服务器更加节省空间，散热更好；光驱、显示器、电源和制冷装置都是共享的，且支持热插拔，在一定程度上减少了成本；刀片所在的机箱提供高速的网络环境，同时共享机箱中的其他资源，协同完成计算任务。刀片服务器一般应用于大型数据中心或者计算密集的领域，如电信、金融行业和互联网数据中心等。

服务器的纵向扩展性是指单台物理机扩展自身能力的特性。例如，一台可以扩展到 16 个内核的服务器，其扩展性比只能扩展到 8 个内核的好。目前的虚拟化技术依然不能实现虚拟机跨越物理节点，所以在云计算中心中能够创建的单台虚拟机，其所使用的计算资源池可能超过单台物理机的资源上限。建议采用中高端的服务器，这样可以将多个应用系统集中到单台物理机进行资源共享，以达到更好的资源利用。在单个虚拟机需要扩展时，也能够获得需要的计算资源，满足用户需要。建议云计算中物理机的最低配置为：8 个内核和 32GB 内存。推荐这个配置有两方面的原因：第一，这是市场上的主流配置，性价比高；第二，内核数目较多，较适合进行虚拟化。

能耗指标就是机器的耗电程度，在前文"能耗控制"中已经讨论过相关问题。此处，考虑到服务器是主要的耗电设备，而不同性能指标的服务器其能耗不同，对于集群化的服务器管理，是选择低性能低功耗服务器，还是高性能高功耗服务器，需要具体问题具体分析。有人做过专项测试表明低端服务器在高计算量任务时，成本效益劣于高端服务器；而对于以 I/O 应用为主的场景，存储服务器对于 CPU 要求不高，存储的输入输出成本低端服务器占有优势。因此，对于不同性能服务器的选择，从能耗角度考虑时要依据具体的服务器集群业务应用，灵活组合。

（3）存储设备。存储设备是云平台基础设施的重要组成部分。从存储设备性能的角度考虑，应当使用合适的存储技术匹配业务应用，使得平台存储性能与成本处于相对平台的状态。因此，要求将企业的业务语言转换成 IT 模式，云计算平台提供更多不同性能的存储层的选择，当性能需求变化时，存储平台应该能适应这种变化。对于存储介质的性能分析来看，SATA 磁盘容量大，价格低，大多数云计算的市场在 RAID 或 JBOD 配置中使用 SATA 磁盘。但是 SA-TA 的性能一般比 FC 稍差一些，导致存储设备的性能可能低于某些应用的需求。为了满足企业高端存储的性能需求，云计算方案可以采用更优越的技术（如 InfiniBand）或者目前正在使用的企业级技术（如 FC－SAN）。

访问存储空间的模式主要有基于数据块（FC－SAN 或 iSCSI）、基于文件（CIFS/NFS）或通过 Web 服务三种。基于数据块和文件的访问方式在企业应用中最常见，能更好地控制性能、可用性和安全性。市场上大多数云计算平台利用 Web 服务的接口，如 SOAP 和 REST（代表性状态传输）来提供数据访问。虽然 Web 服务接口是最灵活的方式，但是性能上有所欠缺。理想的情况是，企业云提供全部的三种访问存储的方式来支持不同的应用架构。

主数据是指在线运行的数据，从主数据存储保护的角度分析，可以采用单一或结合多种技术对主数据进行保护，常用方法包括 RAID 保护、多份拷贝、远程复制、快照和持续数据保护等。内部企业方案和企业云存储的主要差别在于主数据保护在方案中绑定的方式。为了延续根据需要来部署云环境的风格，各种选项应进行打包，这样服务便于进行自动部署。实现的效果是将一系列绑定的保护选项打包，来应对各种不同程度的保护需求。当然，某些云环境也许不提供利用快照、远程复制等与客户需求相匹配的技术。多数用户将意识到，有时不得不牺牲灵活性去换取企业云的易管理性。

4. 软件服务支撑

选好必要的硬件设备之后，还需要采用合适的软件和技术将这些设备利用起来。数据中心的软件主要包括操作系统、数据中心管理监控软件和与业务相关的软件（中间件、邮件管理系统、客户关系管理系统等软件）。

目前，数据中心服务器操作系统主要有 UNIX 系统、Windows 系统和 Linux 系统三大类。数据中心要根据具体的业务需求选择适合的操作系统。数据中心大多以 Web 的形式向外提供服务。Web 服务一般采用三层架构，从前端到后端依次为表现层、业务逻辑层和数据访问层。三层架构目前均有相关中间件的支持，如表现层的 HTTP 服务器、业务逻辑层的 Web 应用服务器、数据访问层的数据库服务器等。三个层面中著名的开源产品有 Apache（HTTP 服务器）、Tomcat（Web 应用服务器）和 MySQL（数据库服务器）等。

数据中心的管理和监控软件种类繁多。功能涵盖系统部署、软件升级、系统、网络、中间件及应用的监控等，如 IBM 的 Tivoli 系列产品和 BMC 的管理产品等。用户可以根据自己的需要进行选择。

在机器上架和系统初始化阶段，主要完成服务器和系统的安装与配置工作。首先将机架按照数据中心设计的拓扑结构进行合理摆放，然后在服务器组装完成后进行网络连接。最后安装和配置操作系统及相应的中间件和应用软件。这几个阶段都需要专业人员的参与，否则系统无法发挥最大的性能，甚至不能正常工作。举例来说，数据库软件安装完成后，需要根据服务器的硬件配置及应用的需求进行性能调优：这样才能最大限度发挥数据库系统的性能。目前已经有一些系统管理方案，支持自动进行系统部署、安装和配置。这在一定程度上降低了技术人员的工作复杂度，简化了系统初始化的流程，提高了系统部署的效率。

服务器和软件安装配置完成后，就要开始对整个系统进行联合测试，检验软件是否正常运行，网络带宽是否足够，以及应用性能是否达到预期等。这个阶段需要参照设计阶段的文档逐条验证，测试系统是否满足设计要求。

3.2.4 一库多终端的云架构设计

云计算是数据管理技术不断发展的产物，是一种新型的数据管理计算模型，其使用大量计算机构建资源池，并通过资源池来实现计算任务，能够按用户需要为用户提供存储空间、计算力、信息服务等功能。而这些功能的实现都是通过专门软件实现的自动管理，不需要人力参与，使得人们能够更专注于业务的实现，有利于提高工作效率，降低开发成本和技术的创新。在技术层面上，云计算通过网络使用各种 IT 资源与服务的方式，将改变传统 IT 资源的提供与管理模式，实现 IT 资源的集约共享，降低能源消耗；在产业层面上，云计算将推动传统设备提供商进入服务领域，带动软件企业向服务化转型，催生跨行业融合的新型服务业态，支撑物联网、智能电网等新兴产业发展，加速制造业、服务业的转型和提升。能够减少传统模式信息化建设带来的周期长、投入成本高、资源利用率低、能源消耗高等弊端，促进产业化转型。

充分利用云计算、大数据、移动互联网的优势，设计并构建水工程安全云服务一库多终端的层次架构模型，从底层基础设施到顶层应用终端一共分为 5 层结构，分别为基础设施服务层、网络传输层、安全防护层、平台服务层、软件应用服务层。架构模型提供了计算资源集成提高设备计算能力、分布式数据中心保证系统容错能力、软硬件相互隔离减少设备依赖性、平台模块化设计体现高可扩展性、虚拟资源池为用户提供弹性服务、提高在线实时交流降低系统运维成本等，相对传统信息系统具备优势明显。具体各层结构功能与作用如图 3-5～图 3-7 所示。

基础设施服务层是层次架构的最底层，该层运用虚拟技术构建在大规模的服务器集群之上，将基础设备集成起来提供给用户使用。对用户来说这些设备是透明的，不需要管理或控制任何云计算基础设施，但能控制操作系统的选择、存储空间、部署的应用，也有可能获得有限制的网络组件的控制。基础设施层以服务的形式提供服务器、存储和网络硬件以及其他基本的计算资源，为水工程安全监测数据的集中存储、多工程信息共享以及多用户资源动态分配提供基础保障，重点解决水工程安全涉及的 IT 资源虚拟化和自动化管理的问题。

网络传输层是五层结构中负责总体数据传输和数据控制的一层，其向下与基础设施层在逻辑结构上是有重合的，即网络层的基础物理设备也属于基础设施层，向上又与平台服务层重合支撑上层应用的多样性。此外，从信息传输的角度来说，网络传输层提供端到端的数据交换机制，将客户终端各种指令与信息向云中心提供可靠的传输服务，并将数据中心的数据信息通过数据挖掘与资源配置机制传送至各个客户终端。

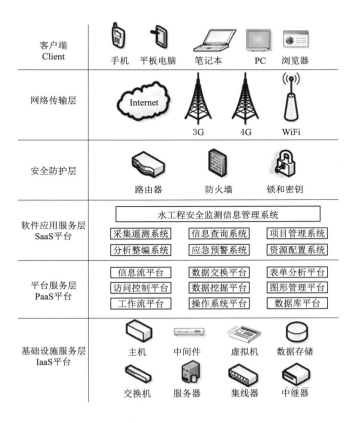

图 3-5　一库多终端层次架构模型图

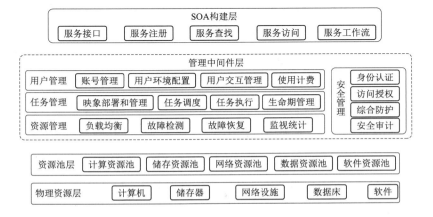

图 3-6　云计算技术体系结构

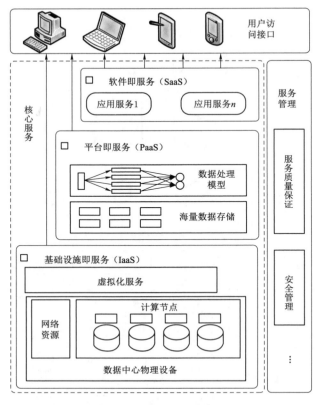

图 3 - 7　一库多终端的云架构设计

安全防护层根据系统的网络安全现状以及水工程安全监测领域的业务安全需求，对整个系统的安全防御架构进行部署，在保障系统稳定高效运行的同时，提供更强的安全监测和防御能力，提高系统整体安全性。根据系统的网络安全现状以及水工程安全监测领域的网络安全需求，利用防火墙、安全路由、安全锁与密钥、无线 WPA2 等技术手段，对整个系统网络的安全防御架构进行部署。通常信息系统的安全防御体系可以分为安全评估、安全加固、网络安全三个层次部署。通过对行业网络的系统安全检测、Web 脚本安全检测、安全源代码审计以及安全产品的部署等方式，找出存在安全隐患的程序，准备相关补救措施，对网络系统起到更可靠的保护作用。在保障系统稳定高效运行的同时，提供更强的安全监测和防御能力，提高系统的整体安全性。

平台服务层以服务的方式提供水工程安全监测专业软件开发、测试、部署和管理的环境，同时将现有各种业务能力进行整合，为水工程安全监测信息管理提供一致、易用、自动化的管理平台及通用服务。即是共享的中间件平台，又是集成的软件和服务平台，还是虚拟的应用平台，其本质是以共享和基础服务的方式满足多样性应用运行管理过程中的共性需求。具体可以归类为信息流平台、工作流平台、数据库平台、数据挖掘平台以及和操作系统平台等。

在软件应用服务层中，水工程具体用户以互联网访问的方式，通过移动终端或传统终端对软件应用进行访问。软件服务的运行维护由云平台特定技术人员负责，并将工程监测、数据处理、网络门户、工程专业软件、办公软件等应用软件或解决方案进行上传与发布，保证用户在任何时间、任何地点可以通过网络开展工作，有效降低软件的测试和维护的复杂度，降低运维成本，保护知识产权。在软件应用服务层建设过程中，要充分考虑应用的安全、计费、整合和隔离等一系列功能部件，并对应用运行环境进行运行时管理，联系底层的软硬件共享资源，为应用所服务。

3.3　水工程安全信息处理关键技术

3.3.1　数据库一体化管理

数据库是水工程安全监测信息管理系统的核心和基础，系统数据库设计与组织的优良将直接影响到系统数据的检索、存储以及输出的速度与效率。由于水工程安全监测涉及多种类型数据信息，需要存储与管理的信息量大、种类多、关系复杂。因此，合理设计系统数据库对系统开发与应用具有非常重要的作用。

数据库实现中最重要的是数据表结构的设计，合理的设计数据表是顺利开发数据库的基础。因此，根据监测实际情况为仪器、测点、图表等对象进行唯一编码，并通过主键或索引约束技术将仪器测点信息与监测数据、空间信息进行关联，形成相互融合、冗余度小、关联性强的时空一体数据库。以仪器信息为例（图3-8），对监测仪器进行编码，并基于编码建立与仪器位置、监测数据、信息分组等数据表的关联体系。进而明确仪器的基本信息、空间信息和监测数据之间的相互关系。信息分组表又可以根据分组编码与报表、过程线表进行关联，形成仪器—数据—图表信息的无缝对接，提高数据查询速度和效率，减少数据冗余。

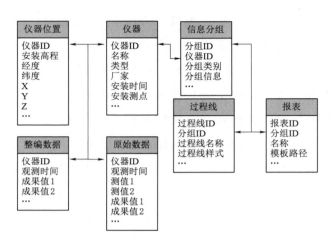

图 3-8　仪器关联信息关系图

　　此外，任何信息管理都不可避免地要涉及数据的采集、编码、建库、处理、维护等一系列问题。由于用户对信息管理的需求不同，信息系统的流程（图 3-9）又是用户个性的反映。因此，针对水工程安全自动化监测系统的管理要求，应当以相应行业规范和标准为依据，设计和建立安全监测信息处理与管理流程。如图 3-9 所示，对仪器和测点信息进行唯一性编码，为数据采集和测点信息管理奠定基础；通过分布式监测系统采集信息，将实时数据采用后台处理的方式进行预处理；进而构建数据信息库，并对涉及的空间信息、属性数据进行集成管理；海量数据通过高效的检索技术手段以图形、图表等多元化方式进行展现，结合科学合理的分析模型进行资料分析，最终为用户提供辅助决策。此外，在系统运行的全生命周期内，系统维护工作贯穿始终，保障系统信息处理流程稳定实施。

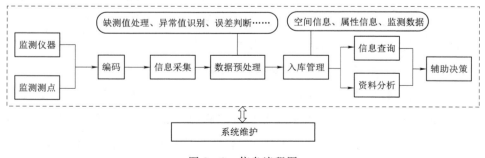

图 3-9　信息流程图

3.3.2 空间信息设计与管理

水工程安全监测信息管理系统涉及的空间信息主要包括工程所处流域基础地理信息、水工建筑物结构信息以及仪器测点的空间分布等信息。部分空间信息设计情况见表 3-1，根据 GIS 数据格式特点，将所有二维空间信息分为点、线及多边形三种数据结构进行存储，按照不同的专题类型进行分类分层的图形化管理。此外，由于 CAD 图形资料是工程项目中经常用来表述大坝工程建筑结构的一种资料形式，因此系统建设过程中以现有 CAD 图形信息与 GIS 平台相结合，建立统一的工程坐标体系，形成 CAD—GIS 数据的跨平台兼容与管理流程。将现有的图形资料作为基础数据源，与仪器、测点的空间信息相匹配，形成安全监测体系中重要的基础空间图形资料。

表 3-1　　　　　　　　　　空间信息设计表

空间信息类型	名　　称	数据类型
基础地理信息	水系分布	Polyline
	行政区划	Polygon
水工程结构信息	水工程整体结构	Polygon
	典型横断面	Polygon
	典型纵断面	Polygon
	边坡地形	Polyline
监测仪器	垂线测点	Point
	引张线测点	Point
	静力水准仪分布	Point
	渗流测压管	Point
	测缝计分布	Point
	应力应变测点	Point

水工程重点监测断面与测点空间分布处理主要包括如下步骤：

（1）对 CAD 原始断面设计图形进行处理，处理因版本兼容问题造成的文字、图形不显示或显示不完全问题。

（2）ArcGIS 软件中加载单幅 CAD 的 dwg 文件，新建一个空的点矢量文件，利用 Editor 模块开始编辑矢量点图层。根据测点坐标信息及当前图形坐标，进行等比例转换，按顺序依次添加仪器测点（把鼠标放在要画点的大致区域→右击鼠标"Absolute X Y"→确定坐标位置）。

（3）Excel 文件中整理测点信息，设计字段：symbol，pointid，dataitem，仪器等，ArcGIS 中使用 join 功能将 excel 属性信息与 GIS 矢量点图层进行表连接，保存并导出新的矢量文件。

（4）在 GIS 软件中修改矢量点样式颜色（对于五向应变计渗压计等标记要用专门的规范标记不能用圆点标记，因此，在图层中设置点样式的时候，SymbolSelector 对话框中对这些点优先设置样式。

（5）GIS 中重新加载 dwg 文件，点图层放最顶图层，dwg 放第二个图层，有图例的图例要通过添加要素的方式来画点，保存当前 mxd 文件，存储相对路径。

（6）输出图片，边框改为无色，大小自定义，此时图片文件作为系统界面中图形导航，GIS 的 mxd 文件作文原始矢量图形文件由系统调用。

3.3.3　数据交换与信息分发

后台数据交换与信息分发服务是移动终端系统的必要组成部分，其与数据中心服务器的组建以及综合数据库设计密切关联。由于水工程安全监测具有仪器测点数量大、监测项目种类多、用户服务面广等特点，尤其需要合理、高效的数据交换与信息分发机制实现多源异构专题数据的管理，进而减轻客户端的资源负担。后台数据交换与信息分发机制的主要处理过程及关联数据见表 3-2。

表 3-2　　数据交换与信息分发机制的主要处理过程及关联数据表

后台	交换与分发过程	数据库处理相关表
数据交换	采集数据与发布数据双向交换	OriginalData、ReorganizeData、FormulaList、Point、Equipment
	监测数据向信息成果转换	Point、GroupClass、GroupPoint、GroupType、Chart、Report
	正常值/异常值/阈值/预警信息协同工作	OriginalData、ValueExtremum、WarmInfo
	不同水库、用户信息的交换整合 通用接口定制过程	Reservoir、UserManage Interface
信息分发	分发服务器建立	DistributeOrder、Methord、Interface
	服务器—客户端信息分发	UserManage、DatabaseM、IP、WarmInfo
	服务器—服务器信息分发	BackUp、Reservoir
	客户端—客户端信息分发	UserManage、DistributeOrder、OriginalData

水工程安全监测信息管理过程中所涉及的数据交换包括：

（1）对采集系统的原始监测数据进行整编处理，形成整编数据并与外部数据集成形成综合数据库，进行信息发布，从而实现采集数据与发布信息双向交换的目的。

（2）基于自动化监测测点和监测项目的分类，将监测数据进行批量化、自定义分组处理，以多种图表的媒介形式实现数据到信息成果的转换。

（3）根据监测测值及成果值设定的阈值范围，对监测信息划分为正常值和异常值两种类别，对于异常值进行预警信息的发布，需要在海量的数据管理中对正常值、异常值、阈值、预警信息这四类数据进行协同工作，完成数据的自动判别与交换。

（4）针对流域性、区域性水工程监测信息管理，还需考虑不同工程和多类型用户间的数据交换与整合，形成流域区域性大坝群监测信息的共享，为后期大数据挖掘与分析奠定基础。

（5）通过数据交换通用接口的定制，统一后台数据处理手段，避免前台不同操作系统对数据交换方法的重复创建，并且有利于数据交换方法的扩展。

信息分发机制主要包括：分发服务器的建立以及服务器—客户端、服务器—服务器、客户端—客户端三类关系之间的信息分发。其中，服务器与客户端之间的信息分发最为常用，主要用于不同客户端对服务器发出信息需求指令，服务器根据指令协同各类资源需求，定向发送用户所需信息；服务器之间的信息分发包括了异地水库数据服务器间、不同级别服务器间（如水利厅数据服务器与地方水工程管理单位服务器）或者不同类型服务器间（如数据库服务器与应用服务器）的信息分发需求；客户端间的信息分发则能够实现用户之间的信息交流，以及上下级用户之间的命令传达与指令汇报。

3.3.4 数据层通用接口与交换引擎

基于移动终端的水工程安全监测信息管理涉及大量的数据处理与信息通讯过程，考虑到智能终端的操作系统与硬件配置不尽相同，如果针对不同终端执行相对孤立的信息存取与交换过程，不仅是对资源的浪费，也为平台的后期维护增加了难度。因此，在综合考虑水工程安全监测数据层的信息流特点后，建立数据处理与信息收发的通用接口及交换引擎（图 3-10），实现平台资源整合和信息共享，提高水工程安全监测信息管理的高效性、复用性以及可扩展性。

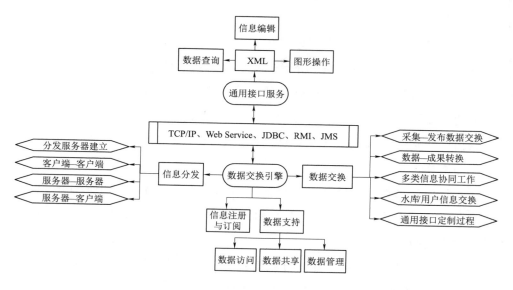

图 3-10   通用接口与交换引擎功能关系图

平台采用 TCP/IP 通讯协议以及包括 Web Service、JDBC、RMI 和 JMS 等在内的标准技术，通过 XML 数据包封装形成水工程安全监测数据层通用接口。基于面向对象的思想并结合水工程安全监测信息管理的实际需求，对各接口的操作方法和属性信息进行抽象化处理，实现单一接口的功能独立，明确同类型接口间的相互关系，并预留扩展接口。基于移动终端的信息管理接口分为监测数据查询、信息编辑和图形操作等主要接口。数据查询接口提供水工程安全监测信息查询方法，可以根据监测项目、监测仪器、测点位置、智能检索等多种方式对监测数据进行查询；信息编辑接口封装了监测仪器信息、测点信息、水库信息、计算公式等多类型水工程安全监测基本信息的编辑方法，通过该接口能够对相应信息进行编辑处理；图形操作接口包括地图操作、图形制作、图表分组创建的方法，以标准参数的形式实现对图形数据的处理。标准化通用接口的建设支持与其他业务系统进行接口对接，并且不受客户端操作系统影响，能够在后台独立进行系统的通讯和数据交换。

数据交换引擎的建设一方面能够为数据的管理、访问、交换和共享提供支持，包括对用户访问权限、数据定义、数据清洗等数据层管理服务；支持负载均衡、事务处理、缓冲处理等数据访问技术，以及基于互联网和数据交换支持，实现异构平台中的多种服务对接；同时为了确保系统间频繁数据交换的顺畅运行，通过数据共享来避免大数据量的多向信息交换。另一方面，结合水工程安全监测各监测项目和信息输出具有明确的业务逻辑关系，以及监测信息管理的各类服务需求之间具有较强的数据依赖关系这两个特点，数据交换引擎提供水工程安全监测信息注册和订阅服务。平台建设过程中采用异步交流的方式来获得各自所需的增量业务数据信息，进行信息订阅；再采用独立于平台定位并查询 Web Service 发现的机制，使 Web Service 支持双向调用，将各个接入系统 Web Service 的 WSDL 路径注册到数据交换中心，实现信息注册。因此，利用数据交换引擎能够实现统一的标准和规范，达到信息互联互通，避免信息孤岛，提高数据访问性能、安全性能和扩展性能。确保平台的有效运行及各子系统无缝集成，为相关业务应用提供数据交互支持，保证数据传输的准确性、及时性、完整性、安全性。

3.3.5 图表后台处理

水工程安全监测信息通常以报表、过程线、分布图、数据场等多种形式进行展示与输出，但是对于不同业务单位或不同职能部门，其所需图表的内容与格式要求具有差异性。此外，多样的监测项目与监测仪器类型造成图表中的物理量分组具有不确定性。因此，在系统建设过程中需要基于后台数据交换与分发机制，对水工程安全监测信息图表进行标准化定制，便于用户根据自身需求对图表分组与样式进行自定义批量创建。

以过程线分组为例，其创建内容包括过程线编号、标题、测点分组编号、过程分组线样式、相应参数和备注。其中，过程线分组样式根据测点个数、监测项目类型的不同有多种组合方式，且用户对于样式的创建主观性较强。如果对于大型工程监测项目，监测仪器与测点数量成千计算，单靠人工进行过程线的分组创建将变得极为复杂和困难。因此，通过对过程线样式元素进行分类梳理，并利用 XML 跨平台和标准化的技术优势，以 XML 结构字段作为数据交换的中介，对过程线样式的各个组成元素分类别进行存储，以固定标准结构对过程线的总体结构、数据项、坐标轴等几个类别的参数进行存储（图 3 - 11）。

（a）总体结构　　　　　　　（b）数据项　　　　　　　（c）坐标轴

图 3 - 11　过程线 XML 结构示意图

其中总体结构将过程线图形背景以及图形显示区域集中设置，支持多图表区域的任意扩展。数据项参数设置则包含图形中所有涉及的数据系列，并对数据系列需要显示的类型（直方图/曲线）、样式、文本、标记等参数精确描述。坐标轴参数包含了坐标轴显示的方式以及对不同坐标显示方式的记录，还包括坐标的显示文本、线型、数据精度、极限值等。通过 XML 结构对过程线样式记录存储，使得过程线分组与过程线样式一一对应。利用建立不同分组的过程线样式模板（图 3 - 12），对于相同类别的过程线分组实现批量创建，提高过程线分组的工作效率，为前台终端应用调用过程线成果奠定基础。

除此之外，报表、分布图、数据场等其他各种信息展示方式也同样利用信息处理与成果转换机制，在后台批量处理生成图表成果，为移动终端源源不断地制造最新的图表信息展示。使得前台终端不必再为后台的数据处理与成果的创建分配资源，极大地减轻终端信息处理的压力，并且最大化的发挥信息中心的数据处理能力。

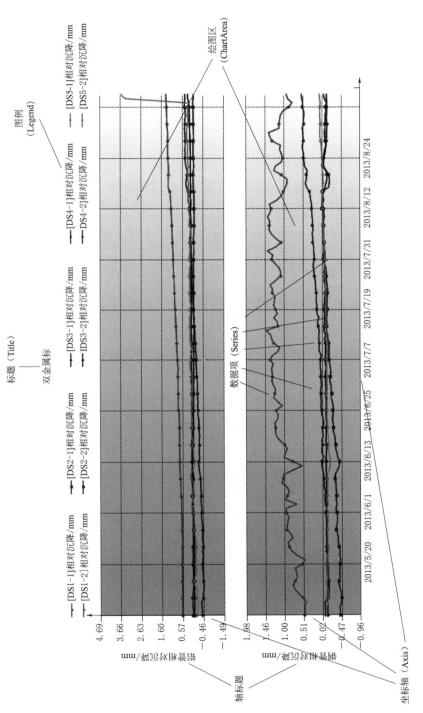

图 3 - 12 过程线图形组成元素示意图

第4章 水工程安全云服务平台开发与运维

4.1 水工程安全监测业务软件

基于云平台的水工程安全监测软件的总体实施分为异构数据融合、监测信息管理、分析评价、预警发布四步（图4-1及图4-2）。

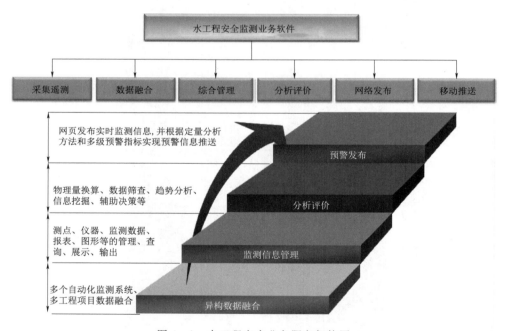

图4-1 水工程安全业务服务架构图

（1）异构数据融合。异构数据融合是综合信息管理的基础，是平台稳定运行的前提条件。通过在平台上部署采集软件和专用数据融合软件，对水工程安全监测的各个自动化系统及各个监测工程项目的监测数据、人工观测数据、基础数据等进行自动汇总和预处理，形成结构统一的综合数据库，并在云数据

90

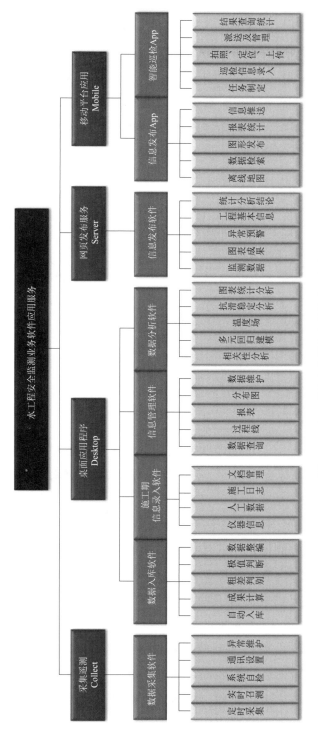

图4-2 水工程安全监测业务软件应用服务

中心进行统一的存储、管理、分发、共享。

（2）监测信息管理。监测信息管理是水工程安全监测数据展示、信息查询、测点仪器信息管理以及项目集中管理的关键，是整个平台的运行核心；水工程安全监测信息管理软件服务实现了对水工程安全监测采集数据及其他有关水工程安全信息的存储、管理、查询、展示和输出，能够帮助运行人员及时掌握和了解水工程安全监测信息，并利用现有数据信息对工程性态做出准确的分析判断，为水工程安全运行和管理工作提供了高效的现代化手段。

（3）分析评价。分析评价是基于云计算技术实现水工程安全监测辅助决策的一个特点，监测信息需要通过各种物理量的换算、数据筛查、信息挖掘、图表统计等方式，实现水工程运行状态的科学统计与分析评价，并以直观结论性的方式向用户提供辅助性意见。

（4）预警发布。预警发布能够辅助监测人员及时发现水工程运行问题，降低安全风险，平台通过部署发布 Web 网页信息管理软件，并结合手机移动终端应用，定时推送监测报告，实时发送预警信息，确保用户第一时间掌握水工程运行状态和异常情况。

4.1.1　远程采集监控软件

4.1.1.1　简介

数据采集软件是新一代分布式水工程安全监测自动化系统的核心，可在工控机中独立运行，同时也能够在云平台上作为软件级服务对外远程应用（图 4-3）。该软件服务主要基于数据采集网络对各监控装置中接入的水工程安全监测传感器进行自动化测量、控制和采集，充分利用云平台的动态资源分配、异地容错备份机制、虚拟化技术的优势，实现不同区域、各种类型水利工程安全信息的实时监测与海量数据的稳定采集。

在积累了丰富的应用案例及实践经验的基础上，近年来在保障软件稳定、可靠运行的前提条件下，引入先进的信息化技术，实现采集软件的进一步优化与升级。监测采集系统由中央控制装置和测控装置（MCU）构成数据采集网络，网络的中央节点为中央控制装置，部署于水工程安全监测云平台上，其主要功能是对数据采集网络进行管理。数据采集网络节点为测控装置，分别安装在工程所在地监测仪器或传感器比较集中的部位，其主要功能是对接入的仪器

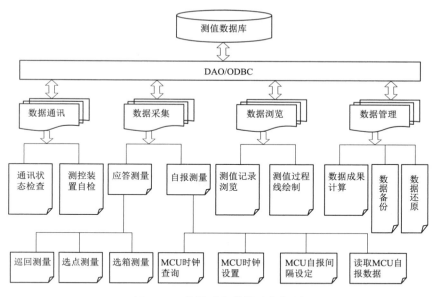

图 4-3　数据采集软件功能框图

进行应答测量和自报测量。

DG 型分布式大坝安全监测自动化系统数据采集软件的功能模块主要有系统自检、数据通讯、数据采集、数据管理、报警、显示、备份管理、数据处理软件接口、软件自动升级，下面分别加以说明。

4.1.1.2　功能设计

1. 系统自检

该采集软件能对系统各部位运行状态进行自检、自诊断，并可实时打印自检、自诊断结果及运行中的异常情况，作为硬拷贝文档。系统自检的主要功能有：

（1）检查中央控制装置与各台测控装置之间的通讯线路联接情况。

（2）检查每台测控装置中 CPU 板的工作情况。如果 CPU 板上有标准电阻，请注意核对比较，如果测值偏差较大，则要考虑对 CPU 板进行维修（注意，并不是所有的模块上都有标准电阻）。

（3）检查每台测控装置中的电压。电压分为两部分：电池 1 电压测量的是电源电压，电池 2 电压测量的是蓄电池电压，这组蓄电池用于保证系统交流供电中断后，各测控装置仍能按设定的周期工作一段时间。

（4）检查每台测控装置中所接模块的温度。

（5）检查每台测控装置中所接测量板的数量。

（6）检查每块测量板的工作状态和所接仪器个数、类型。

自检完成后，系统将向用户提供一张信息表（图 4-4），根据信息表，用户可以及时发现和处理采集网络中存在的问题。系统自检功能对整个系统的安全、稳定运行以及数据采集的可靠性起了重要的保障作用。

测控装置自检结果

设备号	[MCU-1]				
电阻值 Rt(Ω)	电阻比 Z	芯线电阻 r白(Ω)	电池电压(V)	充电电压(V)	温度(℃)
999.99	9.9999	9.99	14.1	0.0	11.4
测量板号	仪器类型	接入点数	测量板状态		
1	弦式仪器	14	正常		
设备号	[MCU-2]				
电阻值 Rt(Ω)	电阻比 Z	芯线电阻 r白(Ω)	电池电压(V)	充电电压(V)	温度(℃)
999.99	9.9999	9.99	14.0	6.2	14.9
测量板号	仪器类型	接入点数	测量板状态		
1	弦式仪器	16	正常		
设备号	[MCU-3]				
电阻值 Rt(Ω)	电阻比 Z	芯线电阻 r白(Ω)	电池电压(V)	充电电压(V)	温度(℃)
999.99	9.9999	9.99	13.4	0.0	15.3
测量板号	仪器类型	接入点数	测量板状态		
1	弦式仪器	16	正常		
设备号	[MCU-4]				
电阻值 Rt(Ω)	电阻比 Z	芯线电阻 r白(Ω)	电池电压(V)	充电电压(V)	温度(℃)
999.99	9.9999	9.99	12.7	0.0	14.8
测量板号	仪器类型	接入点数	测量板状态		
1	弦式仪器	16	正常		
设备号	[MCU-5]				
电阻值 Rt(Ω)	电阻比 Z	芯线电阻 r白(Ω)	电池电压(V)	充电电压(V)	温度(℃)
999.99	9.9999	9.99	12.9	0.0	14.9
测量板号	仪器类型	接入点数	测量板状态		
1	弦式仪器	14	正常		
设备号	[MCU-6]				
电阻值 Rt(Ω)	电阻比 Z	芯线电阻 r白(Ω)	电池电压(V)	充电电压(V)	温度(℃)
999.99	9.9999	9.99	12.4	13.2	14.5
测量板号	仪器类型	接入点数	测量板状态		
1	弦式仪器	8	正常		

图 4-4　系统自检信息表

2. 数据通讯

数据通讯是采集网络中的重要环节，其可以实现监控主机与各台测控装置（MCU）、监控主机与信息管理主机之间的双向数据通讯和命令传递，同时保证了中央控制装置与上一级数据管理主机之间的远程控制和远程数据传输。设计时，采集软件的底层通讯包采用标准 WIN32API 函数开发，数据通讯功能的实现采用多线程技术，各线程管理不同的通讯任务对象。同时，充分考虑抗干扰设计，即使数据包的包头和包尾有乱码也能自动剔除，保证采集网络中数据的相互传输更加安全、可靠和高效。

3. 数据采集

数据采集软件能够实时、定时采集监测数据，并具有超差复测功能。采集方式主要有两种，具体如下：

（1）中央控制方式（应答式）。由数据采集软件下达命令，网络节点上的所有测控装置（MCU）进行巡回测量或选择测量，测量完毕后将数据根据命令存储在监控主机中。巡回测量：对所有接入自动化监测系统的各类监测仪器进行逐点测量，测量完毕后，显示测量数据，用户可以根据实际情况决定是否将测值保存到中央控制装置的测值数据库中。选择测量：根据运行要求，对某一测点的监测仪器进行测量，测量完成后显示测值，并可由用户决定是否入库。

（2）自动控制方式（自报式）。测控装置（MCU）按内部设定时间间隔自动进行测量，测量完毕后将数据存储，并定时将存储数据传输到中央控制装置的测值数据库中。

自报测量前采集软件首先初始化各台测控装置的运行时钟，使整个系统同步运行，然后设定各台测控装置的自报时间间隔（根据对各测量项目测量周期的不同要求，可以为每台测控装置设定不同的自报时间间隔），设定完成后各台测控装置自动按自报时间间隔进行测量，存储测量数据并定时传送给采集软件。

当中央控制装置发生故障或存在总线故障，系统完全断电的情况下，各台测控装置也能由蓄电池提供电压，按自报时间间隔进行测量，自动存储数据。当系统正常运行后，采集软件可将测控装置内存储的测量数据提取上来。

4. 数据管理

系统所有测量数据分二级存储：测控装置可以暂存测量数据，存满后自动覆盖，中央控制装置接受所有测控装置的测量数据，自动检验，对超限数据自动报警，检验后的数据存入中央控制装置的数据库中。在入库过程中采集软件可自动对原始测量数据进行入库控制和成果计算，具有完善的临时和历史测值的数据库管理功能，测值数据可显示、查询、检索、绘制过程线、拷盘、打印。

当中央控制装置和信息管理系统联网运行时，还可将测量数据按一定的要求导入到信息管理系统的监测数据库中，以供进一步分析处理。

5. 报警功能

对现场各种异常情况进行分析，归类，指出其发生的时间、报警内容，判断发生故障的原因、故障地点，以相应的屏幕文字、字体颜色发出报警信号，并标明故障数量（图4-5），生成报警事件汇总表，根据设计工程师或运行人员确定的各测点的限值，发出不同级别的报警功能。

6. 显示功能

数据采集系统的多文档设计可以方便地显示大坝安全监测系统的全貌，显

图 4-5　报警显示

示所有测点平面布置图及各坝段剖面图，用户可以根据图形导航直接对测点数据进行快速选点，实时采集与查询。

通过工具条上的控件能够快速显示各测点的监测数据、历史成果数据及各种过程线和所有相关的系统信息，并可以实时打印各种显示信息。

7. 备份管理

备份管理提供了数据和系统信息的备份与还原功能，针对数据采集服务器定时自动实现数据备份。将任意时间段的数据备份出来，在系统需要时还原进系统（例如恢复系统、数据软盘传递等情况）。

8. 数据处理软件接口

为数据处理软件提供了非常简明的测量数据表，所有的测量数据都在一个表中，通过这样的测量数据表，数据处理软件可以很方便地获取数据。

数据处理系统得到的分析结果还可以反馈到数据库中，利用该接口，就可以实现通过数学模型来监控大坝安全性态。

9. 软件自动升级

数据库应用软件的特点是当软件升级时常需要更改数据库的结构。如果靠人工来完成这一工作，工作量相当大且容易出错，为此系统中设计了自动创建和升级这一功能，在软件升级时自动创建新的数据库结构并将原来的系统信息和测量数据的备份自动还原进入新建的数据库。有了该功能，使得软件升级成为一个很轻松的事。

4.1.1.3　操作实例

1. 系统选项

基于水工程安全监测云服务平台，采集服务的提供与应用需要在互联网络通畅的条件下进行。在远程采集监控软件运行前，需要在平台中对采集服务的具体监测参数进行远程设置。在设置远程监测系统参数时，平台的各个层级都提供了严格的安全保障措施，并且在前端实际操作过程中以用户口令多重验证的方式确保系统的安全性。具体设置项目包括：

（1）通讯参数设置。远程采集监控软件需要设置与采集网络中其他设备通讯的端口及波特率，一般情况下需要设置远程测控单元（以下简称 MCU）的通讯口（图 4-6）。

GPRS 通讯：在采集与现场 GPRS 模块通讯时通过此转发程序进行数据传输，选中这个服务后就可以在打开采集软件时同时打开转发程序。

GSM 通讯：该端口用于与现场 MCU 上的 GSM 模块进行短信通讯，在通讯对象列表框中选中 GSM 短信通讯口，设置与其对应的串口和波特率即可，默认的波特率为 9600，短信中心号码填写

图 4-6　通讯设置

本地短信中心号码，具体号码咨询当地移动。

MCU 通讯：选定所要设置的 MCU 通讯口，并选择与其相对应的串行口和波特率。请注意在多个 MCU 通讯口的情况下，要确保每个 MCU 通讯口对应的串行口不能重复。

（2）入库控制。对不需要入库的仪器进行设置，当有仪器不入库时，将在工具栏上出现一个图标提示，如图 4-7 所示。

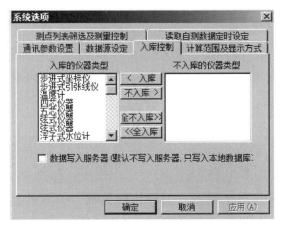

图 4-7　入库控制设置

（3）测点列表筛选及测量控制。

巡测时间间隔：在 5～600s 的范围内设定巡回测量的时间间隔。

筛选条件：通过选择仪器类型筛选测点，使工具条上的测点下拉列表符合筛选条件的测点。

排序条件：设置工具栏上测点的下拉列表框中的测点名称按

点号或编号排序。

读取自测数据定时设定：设定一天中自测数据读取的时间，如图 4 - 8 所示选中任意一个时间，则系统将在每天的该时间内读取测量设备的自测数据。

（4）MCU 时钟设置。以水工程安全监测云平台的时钟为准，远程设定异地各 MCU 内部时钟，确保各个工程测控单元监测时间与平台一致。在 MCU 时钟设置对话框中查看 CCU 内部的系统时钟是否正确（图 4 - 9），如不正确请先修改计算机的系统时钟，之后请选择 MCU，开始设定时钟，系统会给出是否设定成功的信息。

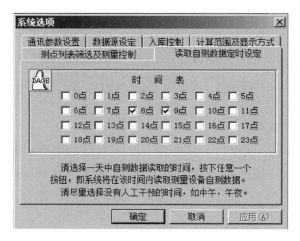 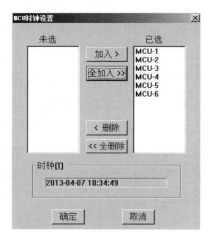

图 4 - 8　定时自动读取自测数据设定　　　　图 4 - 9　MCU 时钟设置

（5）MCU 自测时间间隔设定。根据不同工程项目的监测需求，对任意指定 MCU 设定起测时间和测量时间间隔，如图 4 - 10 所示。不同的 MCU 可以通过反复执行此命令来设定不同的时间间隔，定制适用于各工程特点的自动化远程测量方案。

2. 通讯状态检查

检查远程采集监控软件与水利工程安全监测项目现场各 MCU 之间的通讯状态。通过云平台端依次发送命令，与各工程 MCU 进行通讯握手，如图 4 - 11 所示。若通讯失败，可智能处理判别失败的原因，具体原因包括：①通讯线路是否中断；②MCU 有无交流电；③MCU 是否正在测量。

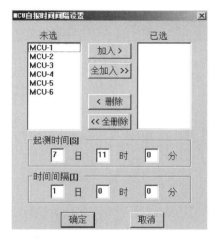

图 4-10 设置 MCU 自测时间间隔

图 4-11 通讯状态检查

3. 测控装置自检

选择指定测控装置对设备进行自动监测，判别设备运行状态，反馈监测信息。比如，选择一台或若干台 MCU，如图 4-12 所示，对其进行"测控装置自检"，并显示自检是否成功的信息。待 MCU 自检完成后，显示自检信息表。其中包括：标准电阻（Rt）、电阻比（Z）、芯线电阻（r白）、两组电池电压，温度以及各测量板的类型、点数和工作状态。

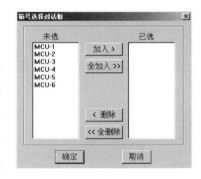

图 4-12 MCU 选择

4. 测量功能

（1）巡回测量。由平台端远程采集软件通过网络发送"巡回测量"命令给工程中所有的 MCU，MCU 实时对系统内所有的仪器进行测量。执行命令巡回测量完成后，MCU 将测量数据传送给平台数据接收端，采集软件对异地不同工程项目的实时数据进行并行有序入库，并自动完成监测数据成果的计算，显示此次测量数据和计算成果，如图 4-13 及图 4-14 所示。

图 4-13 巡回测量

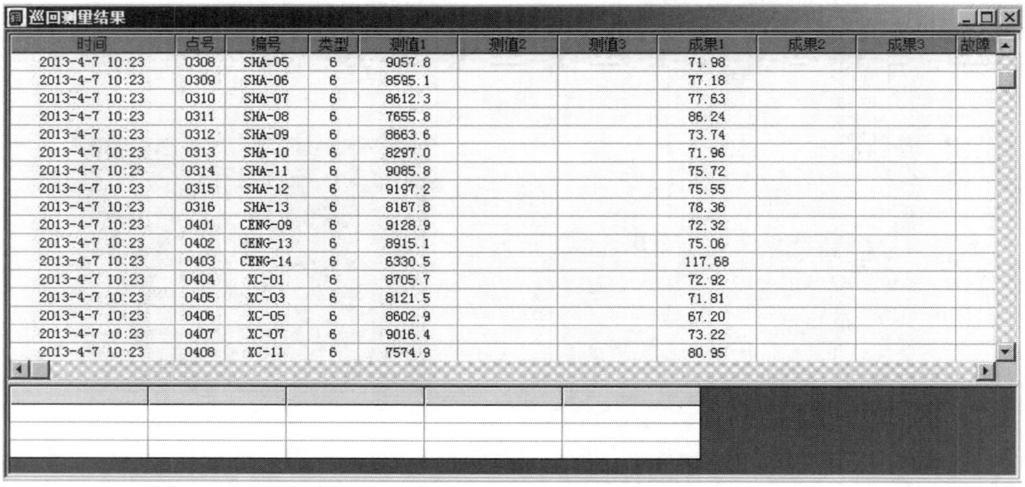

时间	点号	编号	类型	测值1	测值2	测值3	成果1	成果2	成果3	故障
2013-4-7 10:23	0308	SHA-05	6	9057.8			71.98			
2013-4-7 10:23	0309	SHA-06	6	8595.1			77.18			
2013-4-7 10:23	0310	SHA-07	6	8612.3			77.63			
2013-4-7 10:23	0311	SHA-08	6	7655.8			86.24			
2013-4-7 10:23	0312	SHA-09	6	8663.6			73.74			
2013-4-7 10:23	0313	SHA-10	6	8297.0			71.96			
2013-4-7 10:23	0314	SHA-11	6	9085.8			75.72			
2013-4-7 10:23	0315	SHA-12	6	9197.2			75.55			
2013-4-7 10:23	0316	SHA-13	6	8167.8			78.36			
2013-4-7 10:23	0401	CENG-09	6	9128.9			72.32			
2013-4-7 10:23	0402	CENG-13	6	8915.1			75.06			
2013-4-7 10:23	0403	CENG-14	6	6330.5			117.68			
2013-4-7 10:23	0404	XC-01	6	8705.7			72.92			
2013-4-7 10:23	0405	XC-03	6	8121.5			71.81			
2013-4-7 10:23	0406	XC-05	6	8602.9			67.20			
2013-4-7 10:23	0407	XC-07	6	9016.4			73.22			
2013-4-7 10:23	0408	XC-11	6	7574.9			80.95			

图 4－14　巡回测量结果

表 4－1 中显示各测点的测量数据和计算成果，表格下方有信息窗，用于显示测点各测值的有效范围。其中包括：测值的历史上限，下限和两次测值之间

表 4－1　　　　**故 障 信 息 表**

故障代号	故障类别	故障描述	维　　护
a	传感器级	第一套光电管故障	考虑更换探头
b	传感器级	第二套光电管故障	考虑更换探头
c	传感器级	两套光电管故障	立即更换探头
d	传感器级	仪器故障/通道板故障	检查仪器是否损坏/更换通道板
e	传感器级	机械故障	检查电机或丝杆
f	传感器级	三维坐标仪超限	检查三维坐标仪
g	设备级	无 220V 系统电源	检查系统 220V 电源线
h	设备级	蓄电池欠压	检查系统 220V 电源线或更换蓄电池
r	CCU 级	数据长度不正确	用超级终端进行通讯线路检查
s	CCU 级	数据超限	进行系统自检、检查仪器设备
t	CCU 级	故障位上有非法字符	用超级终端进行通讯线路检查
u	CCU 级	测量数据中有非法字符	用超级终端进行通讯线路检查
v	CCU 级	数据类型或点号非法	进行系统自检并检查通讯线路
x	CCU 级	电阻值电阻比和频率平方超限	进行系统自检、检查仪器设备
y	CCU 级	渗压计故障或渗压管无水	检查渗压计和渗压管

注　若仪器正常，“s”类故障将作为工程安全的重要考虑因素。

的限差。计算机可自动实现测值检验，若有超限将在测值记录的"故障"位上加入故障标识，具体超限程度可由人工查看，故障记录条数会在工具栏上自动累加。

（2）选点/选箱测量。远程采集软件发送"选点测量"或"选箱测量"命令给工程现场MCU，对接入平台的特定工程、指定测控单元或某支传感器进行远程测量（图4-15、图4-16及表4-2）。

图4-15 选点测量

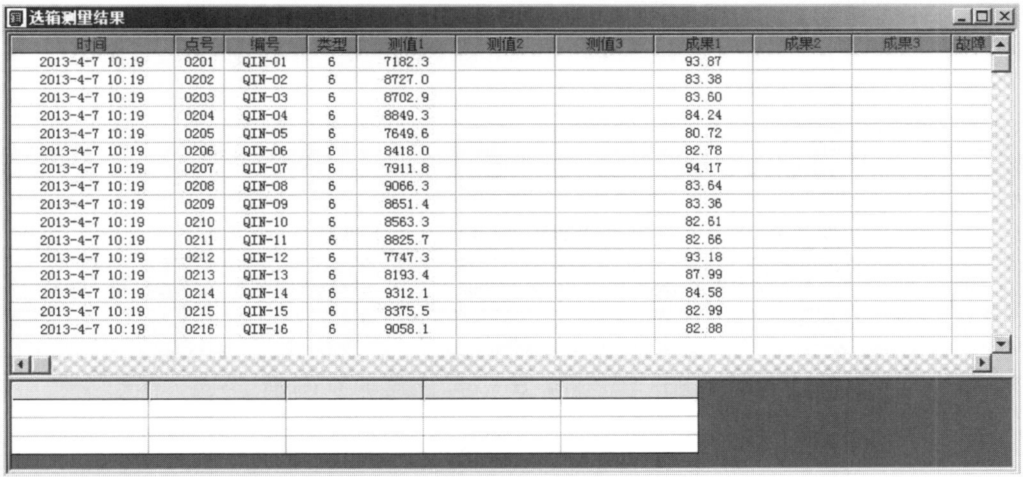

图4-16 选箱测量结果

表4-2 仪器类型对照表

类型	类型说明	测1单位	测2单位	测3单位
1	步进式坐标仪	X位移（mm）	Y位移（mm）	X标杆（mm）
2	步进式引张线仪	X位移（mm）		X标杆（mm）
3	温度计	电阻值（Ω）		
4	四芯仪器	电阻值（Ω）	电阻比	芯线电阻（Ω）
5	差阻式仪器	电阻值（Ω）	电阻比	芯线电阻（Ω）
6	振弦式渗压计	频率模数	温度（℃）	
7	五芯仪器	频率模数	温度（℃）	

续表

类型	类型说明	测 1 单位	测 2 单位	测 3 单位
8	浮子式水位计	水位（m）		
9	TS 位移计	电压（V）	电压（V）	
10	电磁式坐标仪	电压（V）	电压（V）	
11	电磁式引张线仪	电压（V）		
12	静力水准仪	电压（V）		
13	电容式坐标仪	X 位移（mm）	Y 位移（mm）	X 标杆（mm）
14	电容式引张线仪	X 位移（mm）		X 标杆（mm）
15	翻斗式雨量计	毫米		
16	多点变位计	电压（V）		
17	集水井	流量（L/s）		
18	压阻式仪器	电压（V）		
19	步进式水准仪	X 位移（mm）	Y 位移（mm）	
20	步进式三维坐标仪	X 位移（mm）	Y 位移（mm）	Z 位移（mm）
21	水文仪器（蒸发、温度）	蒸发（mm）	温度（℃）	
22	水文仪器（雨量、风速）	雨量（mm）	风速（m/s）	
23	水文仪器（风向、风压）	风向（度）	风压（hPa）	
24	水文仪器（风向、风速）	风向（度）	风速（m/s）	
25	双向坐标仪	X 位移（mm）	Y 位移（mm）	X 标杆（mm）
26	渗流量计	翻斗数（次/min）		
27	风速	风速（m/s）		
28	风向	风向（度）		
29	气温	温度（℃）		
30	气压	气压（hpa）		
31	雨量	雨量（mm）		
32	蒸发	蒸发量（mm）		
33	湿度	湿度（％RH）		

4.1.2　信息管理软件

4.1.2.1　概述

　　水工程安全监测信息管理软件对安全监测自动化系统采集的监测数据及其他有关工程安全的信息进行存储、管理、查询、处理、显示和输入输出，并且为数据分析软件提供完备的数据接口，以便于利用监测数据和工程安全信息对水工建筑物及周边环境的运行性态做出分析判断。对多工程、跨区域的水工建筑群安全监测数据、设备仪器、监测测点、图表成果、环境地理数据等多源综合信息进行统一管理，根据行业标准对水工程安全监测资料进行整编分析，生成有关报表和图形，做好工程安全运行和管理工作。水工程安全监测信息管理软件功能结构如图 4－17 所示。

　　水工程安全监测信息管理系统软件建设的总体目标是以云计算技术为基础，借鉴国内外在大坝安全管理信息化方面的成功经验，结合工程实际情况，建立运行稳定、性能高效和技术先进的大坝安全监测信息管理系统。实现对水工程安全监测采集数据及其他有关水工建筑物安全信息的加工处理、可视化查询、在线监测、项目管理、数据管理、信息共享、成果输出等功能。各级管理部门和水工管理人员都能依托此系统有序开展工作，及时全面地掌握工程安全状况和运行性态，为水工程安全运行的日常管理和科学决策提供有力的信息服务支持。

4.1.2.2　数据管理

　　1. 在线监测

　　(1) 实时数据查询。采集软件采集实时最新监测数据，通过一系列数据预处理过程，整编进入数据中心综合数据库进行管理。信息管理软件读取监测仪器测点最新监测数据，以多种形式进行展示，用户可从多角度了解和掌握工程安全监测实时数据。

　　(2) 可视面板。对工程安全监测重点监测区域进行分类处理，结合监测设计图纸，以图形的方式显示各个重点部位的测点分布、实时数据和运行情况。

　　(3) 电子地图。以电子地图的形式显示工程所在区域基本地理情况，并配备重点测点和环境量监控信息，宏观展示工程区域的水情、地形、气象、道路及工程安全等多种信息。

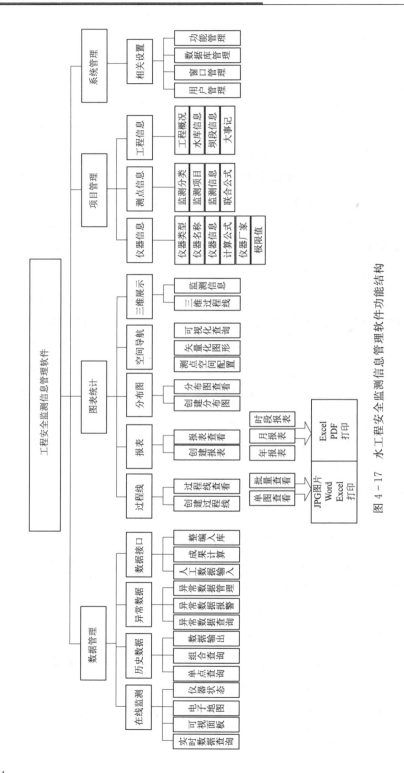

图 4-17　水工程安全监测信息管理软件功能结构

（4）仪器状态。通过对实时监测数据的处理，判别并统计监测仪器设备的实时运行状态。

2. 历史数据

（1）单点数据查询。对工程监测项目中任意一支仪器测点数据进行检索，可以指定任意时间段和数据源（整编库/原始库），查询仪器历史监测数据及相应过程线，并且支持对各个采集设备的监测数据进行人工增加、删除和修改，对查询结果可以根据不同字段进行排序。

（2）多点数据查询。对于监测资料，用户可以查询多个测点在一段时间内的监测测值和成果数据。能够根据用户所选择监测项目、输入的开始日期、结束日期、开始测点、结束测点，显示所有符合条件的监测数据。显示顺序可以按日期排序或按测点排序，同时可以对所查询的数据进行修改并导出查询结果。

（3）数据输出。通过输出向导可以输出测点列表、多窗口输出测点数据图表、某时段中的所有测点数据、测点列表中的测点综合信息、数据模板（特殊的数据输出集合）和报表等。系统提供多元化输出方式，包括监测数据输出 Excel 文件，过程线图形 JPG 单图输出以及批量输出，图形批量导入 Word 文件形成分析报告图形列表以及图表打印等功能（图 4-18）。

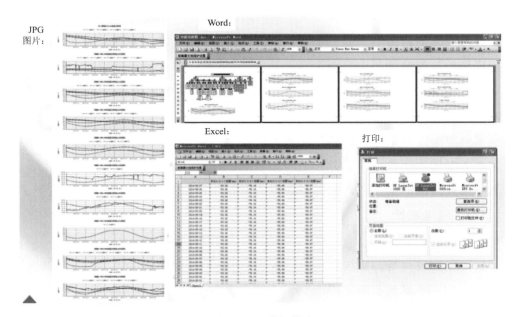

图 4-18　数据输出

3. 异常数据

（1）异常数据查询。数据查询提供异常数据查询选项，可以对任意监测仪器和测点查询任意时间段内的异常数据，并导出查询结果。

（2）异常数据报警。系统提供了监测信息分级预警预报的功能，根据不同监测仪器的数据合理范围和风险阈值，自动判别水工程安全是否存在隐患。根据监测数据量级的不同将风险划分等级，以异常信息列表、图形高亮显示或由信息推送的形式发报预警信息，让相关管理人员及时了解水工程安全状态。

（3）异常数据管理。对系统中监测的异常数据进行统一管理，支持以人机交互的方式进行异常数据查询和异常判别。

4. 数据接口

（1）数据输入。数据输入包括自动输入和人工输入两种方式，输入的数据源可以是同平台架构的采集数据，也可以是跨平台的外部监测系统数据。①自动输入，可通过自动化系统数据采集软件直接获得或通过数据采集软件的数据库定时提取监测数据并入库，数据入库受测点入库时段和数据极限控制。②人工输入，可人工输入监测数据，也可以直接输入监测物理量。直接输入监测物理量是为了适应人工监测点变为自动化测点后，人工输入该点自动化以前的历史数据。

（2）成果计算。根据系统中原型观测数据和不同类型仪器设备的计算公式、参数，对测点的监测成果进行计算，并且支持对统一测点多次重复计算成果，用于成果校核与验证。

（3）整编入库。无论是自动输入还是人工输入数据，在数据入库的过程中都需要完成监测数据至监测物理量的转换与存储，并经过极限值、粗差、计算等一系列整编处理后，将自动化监测系统采集的数据按指定的规则进行整理并把监测数据转入到数据库服务器上的 SQL Server 整编数据库中，最终形成通过筛选和高度凝练的数据源，以提高数据的可靠性和稳定性。

4.1.2.3　图表统计

1. 过程线

（1）创建过程线。系统提供监测仪器常用过程线图形组合，用户可以直接浏览。此外，考虑到不同监测项目、不同监测仪器、不同使用人员对过程线数据项的组合、样式的要求不尽相同，系统提供过程线创建界面，支持用户自定义创建过程线分组和样式。用户可以根据不同的业务需求，选择任意仪器的任意监测项目，并根据样式模板或自定义设计过程线的坐标轴、线条样式、区域颜色等元素，创建最适合自己的过程线图形。

（2）过程线查看。根据创建的过程线分组，系统提供了过程线单图查看和批量查看两种浏览方式。单图查看可以根据过程线的分类，筛选需要查看的过程线类型并进行图形浏览，浏览的过程中支持图形的缩放、异常数据剔除、样式修改等操作；过程线批量查看可以选择任意数量过程线分组图形同时查看，支持过程线的缩放、图形大小调整、批量图形导出等功能。

2. 报表

（1）创建报表。系统提供监测仪器常用的报表组合，用户可以直接查询浏览。此外，考虑到不同监测项目、不同监测仪器、不同使用人员对报表数据项的组合要求不尽相同，系统提供报表分组创建界面，支持用户自定义创建报表分组和分类。用户可以根据不同的业务需求，选择任意仪器的任意监测项目组合形成报表分组，并选择创建年报、月报、日报或时段报表等不同报表类型，创建最适合自己的报表。

（2）报表查看。系统提供年报、月报、日报和时段报表四种报表查询方式，并在报表尾部对每一列监测项目数据进行特征值分析与可视化处理，并支持报表输出或直接打印。

3. 分布图

（1）创建分布图。分布图是指不同测点，在同一时间内数据随空间位置的分布情况，在工程安全监测资料分析时，一般都需要绘制渗流、变形等监测项目的实测效果。系统提供分布图创建功能，支持用户根据系统测点分布和实际监测情况，在图形中增加、删除监测测点，指定测点所在的背景图中的位置，并可以分组连线显示，设置纵坐标的显示范围，可以为分布图指定标题，展示坐标轴的显示方式，修改各种显示的字体颜色等。本功能采用模块化设计，使用灵活方便，可以按照用户的意图任意组合、修改，按照用户权限可以将修改信息保存到服务器端，供相关人员浏览。

（2）分布图查看。在完成分布图创建工作后，用户就可以方便地在软件中浏览分布图。可以选择任意分布图类型，并指定监测数据的时间段，程序统计在该时间段内有监测数据的日期并列出在页面上，用户选择需要浏览的时间后单击刷新就可以显示分布图。如果需要可以将分布图以图片方式保存到本机。

4. 空间导航

（1）测点空间配置。监测仪器、测点的安装部署位置是经过反复科学论证、设计而确定的，测点的空间位置对监测信息的准确表达及后期资料分析的准确程度具有重要意义。因此，系统提供测点空间位置配置、管理功能，精确定位仪器测点坐标，并与监测分布图形相结合，为可视化查询、空间定位分析创造条件。

（2）矢量化图形。矢量化图形相对传统图形表达具有精确定位、精细化程度高的优势，系统对典型断面、重点监测区域图形进行矢量化处理，与测点、监测系统相互联系，形成点、线、面、体相结合的层次叠合图形管理，增强系统界面的美观性和操作的友好性。

（3）可视化查询。根据需求将重点监测区域、典型断面等空间区域信息矢量化图形分类显示，提供缩放、平移等图形操作，直观显示监测区域结构和测点仪器分布。以图表结合的形式呈现测点基本信息，提供单点查询、批量查询、图表查询等多种图形交互查询方式，实现所见即所得的数据检索。

5. 三维展示

（1）过程线三维显示。在二维过程线展示的基础上，增加第三维度信息，使过程线更加美观、立体。

（2）监测信息三维可视化。对渗流监测水位信息、变形监测信息（如静力水准监测系统、引张线系统、垂线系统等）结合典型断面简易体模型，实现监测信息的三维可视化查询与展示。多角度显示工程安全监测信息变化情况，支持 720°立体旋转、缩放、漫游等操作，信息显示更加符合现实空间维度，更为方便、直观。

4.1.2.4　项目管理

1. 仪器信息

对系统中所有监测仪器的仪器类型、仪器名称、仪器信息、生产厂家、计算公式与参数、极限值等信息分独立功能界面进行管理。用户可以根据项目仪器实际运行情况增加、修改、删除仪器的相关信息，对暂停使用的老旧仪器进行标记，保留历史测值；对在用仪器进行统一管理，实时接收最新观测数据。

2. 测点信息

测点信息包括考证资料查询及添加、修改、删除等内容，可以根据监测项目不同，给出测点的相关信息，包括测点部位和监测仪器参数，每次显示一个测点信息，可通过前后反转查看其他测点信息，也可从测点列表中选择某个测点进行查看，查询到所需测点时，即可进行修改和删除操作。同时，可以添加新的测点信息。

3. 工程项目信息

工程项目信息包括工程概况、水库信息、断面信息、大事记等的统一批量化管理。

4.1.2.5 系统管理

1. 用户管理

对系统用户进行统一管理，具有系统设置权限的用户可以添加和删除系统用户，用户以注册的形式创建使用权限，登记用户基本信息，并由平台管理员审核和赋权限，审核通过后可以使用服务应用。

2. 权限管理

为了方便对不同用户授予不同的权限，可以定义权限组合，系统初始化根据不同用户类型进行初步权限划分，也可以由用户申请进行权限修改，由管理员进行审核批准。权限的设置分为界面级、功能级和操作级，视不同用户而定。

3. 窗口管理

对系统软件内的多功能窗体进行有效管理，增加软件可操作性。

4. 数据库管理

可以选定开始日期、结束日期，将数据库中在所选时段内的所有数据备份到指定存储设备。此外，对于数据库的恢复，也可以通过选定开始日期、结束日期，将所选时段内的数据从指定存储设备恢复到数据库中。如果数据库已有这一时段的数据，则进行覆盖。

5. 功能管理

系统软件中所有功能模块遵循高内聚低耦合的模块化开发原则，各个功能模块相互独立，可以根据用户需求任意添加和删除软件功能，保证了系统具有良好的可扩展性。

4.1.2.6 数据融合

对采集的数据进行数据处理并整编形成综合数据库，应用软件作为后台运行程序在云平台服务器上运行，按照指定的时间间隔定期自动进行数据处理操

作,同时支持人工实时数据处理过程。数据处理功能最少包括如下内容:

(1) 对采集的数据进行合理性、有效性检查。

(2) 以采集的数据更新实时数据库。

(3) 根据监测、调度、控制及管理的要求,对采集的数据进行分析计算,并生成相应的数据库。

(4) 对采集的数据进行处理并存入历史数据库。

(5) 数据采集和处理满足系统实时性的要求。

数据入库——每隔设定的入库间隔时间,系统会从数据库中分别查找各测点的最近入库时间与采集数据库的时间进行比对,若发现新数据,则自动将采集数据库中各条数据的测值与故障标记部分导入数据库的原始数据表中,且做标记记录。

成果判别与整编——对所有测点进行直接成果计算,并对相关关联的测点物理量进行联合计算,计算完成后,根据系统设置的多级预警阈值进行超限判别,剔除系统误差数据,标记异常数据。对预处理完成的数据,根据行业标准对预处理的监测成果数据进行整编处理。

数据库配置——包括本地数据库设置和外部数据库设置,通过数据库配置支持工程安全监测信息管理系统与数据采集系统原始数据库无缝对接,并且提供与外部跨平台监测系统数据的对接接口,能够实现多源异构数据的对接融合,形成中心综合数据库。

人工处理数据——当因为网络等问题导致采集数据长时间未入库时,能够在数据设置管理器中对未入库的数据手动进行批量处理。支持所有测点或任意选择测点进行数据处理操作,并能够对指定测点的任意时间段监测数据进行处理,与自动数据处理形成功能互补。

4.1.3　信息发布软件

信息发布与预警系统以网页浏览器访问和移动终端应用相结合的形式,支持用户利用互联网访问水工程安全监测云服务平台信息,提供自动监测模块采集至上位机的数据及其他监测信息的查询、展示、巡检和预警服务,软件功能包括在线监测、历史数据查询、图表信息发布、文档传阅、信息预订及移动终端软件等。

1. 在线监测

实现形式同信息管理与分析系统,以主界面+可视化导航和查询功能实现监测数据实时查询。以测点分布图形的形式展示水工程安全监测基本信息，测点平面布置图上热点代表各自动化监测传感器，通过人机交互的方式可以查询测点实时监测信息。通过对测值的自动判别，系统能够表示异常报警状态，测量正常则热点为白色，测量出现故障或数据超过规定时间未入库则热点为红色。

2．历史数据查询

根据用户权限可以查询任意工程项目、任意测点、任意传感器的历史监测数据；并对查询结果进行特征值统计，特征值统计根据起止时间、数据库、数据类型、监测项目、统计方式等条件进行自由筛选。

3．图表信息发布

对信息管理软件中创建的各种类型的过程线分组、报表及分布图等图表成果，通过网页发布的形式定期向用户发布、展示。

用户能够根据不同过程线的分组类型，选择单张或多张过程线图形进行查看。过程线发布与显示的样式与信息管理系统中订制的样式统一，在显示界面同时还支持对过程线样式的临时修改，最大化满足用户需求。

网页中显示的各类分布图图形是由信息管理软件统一创建的，可以在分布图分类表格中选择要查看的分布图。

报表分年报表、月报、日报和时段报表，根据不同类型的报表，选择监测不同项目下对应的报表分组，并指定需要查询的报表时间段即可显示订制的报表发布信息。根据年报、月报、日报等不同类型，报表可以单表查询，也支持多表批量查看，在显示报表数据的同时，系统还提供对报表的特征值统计信息和报表输出打印等功能。

4．文档传阅

用户根据自身权限可以通过网页上传、浏览和下载相关文档。

（1）监测相关。资料整编、设备台账、巡视检查、检测报告、工程图册、安全技术管理、定期检查和特种检查、行业动态、规范等。

（2）计划管理。监测设施、固定资产购置管理、维护管理、水下检测、加固与检修。

（3）工程档案管理。主要分类参考：水文、水保、地质、规划、机械、施工、科研、建筑、观测、交通、综合。

（4）文件资料。国家规定、政策法规、公司规章、防汛资料、技术标准、学术交流、科学研究、学术交流、对外联系。

文档的类别可由用户自定义，设置不同的文档分类，可以方便用户检索、查看文档。

用户可以在使用过程中根据需要，对文档分类进行修改调整。

系统可以设置文档分类的浏览权限，对不同的访问用户，可设置是否公开文档。

5. 信息预订

用户可在主系统的 Web 网页上设置预订系统的相关信息。在信息预定操作界面上，对感兴趣的预订信息进行简单的点击即可完成信息的预订，通过微信、短信发送的定制信息，还可以设置超限实时发送。

预订的信息主要包含用户所关注测点的异常情况、日报、周报、月报，系统运行情况等，系统会根据用户选择，自动生成预订简报进行发送。异常情况可通过系统即时发送到手机，周报和月报通过邮件发送。

6. 移动终端软件

移动终端软件紧抓水工程安全监测专业特色，基于移动终端应用特点，从监测项目、监测仪器的角度出发，实现监测环境、仪器测点、监测项目等信息的综合可视化查询和管理。克服传统软件受时空限制，无法及时查询监测信息的问题，确保用户随时随地掌握工程运行安全情况。

支持对工程安全监测实时、历史数据以及各类成果信息的快速查询。以监测项目、监测部位、图形导航、仪器类型和智能搜索五种检索方式，实现分类信息的高效检索。

终端应用涉及的信息图表在云平台上进行处理，根据用户的业务需求，以移动终端作为媒介，通过图形或报表的成果形式对外发布。用户能够选择不同的图表分组，指定任意时间段和需要的数据源，调用图表统计成果。

提供对项目所属工程、仪器、测点等基本信息的管理与发布，确保终端应用信息与实际自动化监测系统运行情况一一对应，让用户随时掌握大坝安全监测设备及工程基本情况。

发挥移动终端精确定位、便携的优势，集中指定工程人工巡检路线，通过移动终端进行信息化巡视检查。在数据中心平台中将工程地址代码、巡检部位信息、巡检路线以及关联信息初始化入库。检查人员进行巡视检查时，手持移动终端按照规定的巡检顺序抵达巡检部位，巡检完成后将巡检数据传输到系统。

4.1.4 分析评价软件

在数据自动化采集系统提供充足的数据来源，以及信息管理系统对数据进行筛选、整编、凝练进而保障数据质量的前提下，数据分析软件基于工程安全监测实测数据，开展数据统计、资料分析、信息挖掘、综合评判等相关工作。其以充足可靠的实测数据、精准的数值算法、科学的理论模型为基础，并结合工程安全监测对数据评判、资料分析和工程健康诊断的实际需求，对工程安全性态作出智能化、精细化分析评判，为专业人员提供辅助决策依据。

4.1.4.1 按重点监测项目进行分析

资料分析软件用于对实际测得的监测数据作进一步的计算及分析处理，主要包括大坝变形分析、内观数据计算分析和渗流压力分析等。

1. 渗流压力分析（图 4-19）

（1）滞后时间分析。采用单因子回归模型计算渗流压力水位滞后时间。

（2）建立统计模型。采用多元回归方法建立统计模型，统计模型的因子为上游水深、降水量、时间等因子，根据相关系数，就回归效果给出定性结论。除了建立新的统计模型，还可显示已建统计模型，包括所有采用资料的开始日期、结束日期

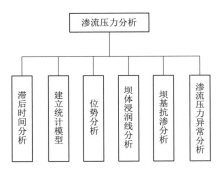

图 4-19 渗流压力分析子模块

和模型信息，以及实测数据过程线、由模型计算得到的数据过程线。

（3）位势分析。计算特征库水位下，一段时间内渗流压力位势，对位势进行一元线性回归，可得到斜率，根据斜率，可以判断在该特征库水位下渗流发展趋势：升高、降低、平稳。可选择多个特征库水位进行分析。

（4）坝体浸润线分析。通过将实测坝体浸润线与设计坝体浸润线进行比较，当实测坝体浸润线高于设计坝体浸润线时，给出安全警告。

（5）坝体抗渗分析。计算各端面相邻测点的渗透坡降，与允许渗透坡降进行比较，得出渗透稳定性。

（6）渗流压力异常分析。如果测点的统计模型较好，可进行渗流压力异常

分析。用统计模型预测当前工况下的渗流压力，如实测渗流压力大于预测值的两倍时，则渗流压力异常。

2. 应力应变分析

（1）模型分析。模型分析包括应力应变计算和建立统计模型分析两部分内容，其中统计模型是利用连续监测资料，建立应力应变与水位、时间、温度等因子的统计模型。

（2）抗滑稳定分析。选取典型断面并参考成熟的抗滑稳定计算公式，在断面分析中引入断面基本参数信息；再根据断面结构特点创建坝体不同方向荷载计算公式模型；进而计算断面抗滑稳定系数，与国家或行业给定的标准系数进行比较；以多种计算方式相互印证，获得最终抗滑稳定分析成果。

3. 边坡内部位移分析

利用连续监测资料，建立边坡内部位移与时间的单因子统计模型。

除了建立统计模型，还可显示已建统计模型，包括所有采用资料的开始日期、结束日期和模型信息，以及实测数据过程线、由模型计算所得的数据过程线。

4. 建筑物变形分析

进行变形监测资料的定性分析和统计模型定量分析。

以变形监测信息三维可视化方式直观显示并分析工程结构变形情况。

5. 温度变化分析

以建立统计模型的方式建立温度变化拟合模型。

通过已有监测点的温度实测数据，结合测点和典型断面的空间分布特点，利用空间插值技术实现温度信息由点向面的转化，进而以温度场等值线的形式展示并分析工程结构温度的分布与变化情况。

4.1.4.2　按不同方法进行分析

1. 一元线性回归

系统提供一元线性回归分析页面，一元线性回归模型描述的是两个要素（变量）之间的线性相关关系。通过选择水库、起始时间、结束时间；选择自变量的数据库、分类方法、测点和分析项目；选择因变量的数据库、分类方法、测点和分析项目，进行计算分析。

2. 多元线性回归

多元线性回归的基本原理和基本计算过程与一元线性回归相同，但其更加侧重于多个自变量对某一因素的影响分析。系统提供功能界面，让用户能够将任意监测仪器的监测项目作为自变量，并选取与之相关的其余多个监测项目作为因变量，构建多元线性回归模型进行拟合分析。

3. 逐步回归

逐步回归的基本思想是将变量逐个引入模型，每引入一个解释变量后都要进行 F 检验，并对已经选入的解释变量逐个进行 t 检验，当原来引入的解释变量由于后面解释变量的引入变得不再显著时，则将其删除。以确保每次引入新的变量之前回归方程中只包含先主动变量。这是一个反复的过程，直到既没有显著的解释变量选入回归方程，也没有不显著的解释变量从回归方程中剔除为止，以保证最后所得到的解释变量集是最优的。系统提供逐步回归模型构建界面，用户可以对任意监测项目创建逐步回归模型。

4. 相关图分析

分析工程安全监测任意两个监测项目的相关关系，获得相关方程、剩余标准差和相关系数。

5. 圈套图分析

圈套图是工程安全监测资料分析中渗流监测资料分析的一种常用图形方式。与绘制多点过程线类似。

6. 过程线分析

用户能够根据不同过程线的分组类型，选择单张或多张过程线图形进行查看分析，可以指定任意的查询时间、数据源，通过监测数据长时间尺度的变化趋势判定监测项目和工程结构的安全性。

7. 分布图

利用分布图显示监测项目的数据信息分布情况，结合工程结构特点判定工程安全性态。

8. 缺失率分析

对所有监测项目的监测仪器进行缺失率统计，分析不同监测项目数据缺失率和异常率，综合判定工程各个监测类型的健康程度。

9. 温度场

根据已有温度监测数据进行空间插值，计算获得典型断面面状温度场数据，对断面的温度变化情况进行分析。

10. 抗滑稳定

结合实测数据，对典型断面的受力荷载进行自动计算，利用抗滑稳定系数计算公式，分析获得断面的抗滑稳定系数，与国家或行业标准进行对比分析，对断面稳定程度进行判断。

4.2　运　维　保　障

4.2.1　目标

云平台的运维保障是一个长期持续的过程，在平台的整个设计、建设、运行、维护的全生命周期中所占时间份额最大，同时也是面向用户最直接的阶段，因此云平台的运维保障工作在各个项目的应用中十分重要和关键。

云平台运维保障服务的基本要求包括三个层面：首先，云平台运维管理需要有独立的自动化系统软件进行监管，对用户请求、平台流程处理、应急事件等具备自动化的运维机制，以实现云计算环境中的变更管理、配置管理、事件管理、问题管理、服务终结和资源释放管理等。其次，运维保障服务需要确保平台运行的各种服务符合设计需求，任意服务的运行效率和完整性在规定范围内执行，各种状态下的平台性能可控。最后，运维保障的全过程需要以可视化方式进行处理，为用户、管理人员提供友好的界面和可视化的流程，确保平台运维保障的可操作性。

对于工程管理单位来说，自主运维管理云平台技术难度大、维护成本高、人员压力大，因此水工程安全云服务平台的运行管理更多依靠平台服务提供商执行。区别于传统的 IT 运维，云平台将由底向上和由上到下的管理理念相结合，首先关注的是服务本身的性能，同时从底层资源的角度出发来保障业务和性能。平台的运维管理兼顾基础设施资源和技术的发展，以及业务特征和运维服务等因素，从服务性能的角度来调整和优化支持服务的资源供给方案。

4.2.2　安全与维护

平台安全保障以关键信息化基础设施、重要应用服务和网络体系的安全防护为重点，建立应用物理安全管理、网络级安全、数据域安全、平台级安全、功能服务级安全等多层级系统安全管理体系，提升系统的安全性、稳定性和可靠性。

1. 物理安全管理

需要保证所有物理设备及机房的安全，与目前 IT 运维模式基本相同。支持对物理服务器 CPU、内存、风扇、电源、硬盘等热关键器件的温度实时监控，设备故障时会产生告警。配合智能的风扇调速和监控，确保服务器硬件系统运行的可靠性。对数据中心的场地选择、机房防火、温度控制、接地防雷、电磁防护、防水防潮等采取有效措施进行安全防护，确保系统基础设施运行安全。

2. 网络级安全

需要保证所有物理网络及虚拟网络的安全；根据应用需要划分虚拟网络，配置访问策略，进行入侵防范和安全审计。通过网络安全协议、网络安全认证、防火墙、入侵检测系统等措施确保系统网络运行安全；对系统网络用户实行多级用户管理功能，设置多级用户权限、多级安全密码，对用户的网络访问进行有效的安全管理；所有的网络链路都是物理上的冗余配置，通过使用交换机控制技术，保证物理服务器对外与汇聚层交换设备和对内虚拟网络层连接的冗余。

3. 数据域安全

平台数据存储的安全性高，支持双机备份、热备份、灾难恢复等冗余备份技术，保证系统数据不会因为意外事故或误操作而丢失；实现数据备份逻辑上统一、物理上隔离，具有良好的安全保障设置、补充备份与恢复等技术，这样既可以保证数据备份的统一性和数据恢复的简便度又可以实现数据异地灾备的安全性。通过对数据库加密、客户端访问监控以及加密的数据传输保证数据在网络链路的安全。

4. 平台级安全

使用先进的反计算机入侵和防病毒的软件及硬件防火墙等技术措施，严格防范计算机非法入侵和病毒侵害，确保平台操作系统安全。支持多种网络模式，不同用户创建的业务系统及应用数据库应在网络上逻辑隔离，不会相互影响；可以限制远程访问服务器的 IP、网段和端口。平台允许用户配置计划任务，可设定按天、按周、按月等频率对专题数据进行本地备份，且能够通过运营商专线将平台的数据远程备份到异地备份中心平台上，并提供快速的数据恢复功能。

5. 功能服务级安全

登录、访问、操作权限接受应用程序严格控制，系统提供用户的注册、授权等操作，对不同类型的用户分配不同的权限和执行角色。各用户以自己的口令和密码登录系统后操作授权功能，未授权或保密级的功能，数据无法访问。提供对监测硬件设备的自检功能，能够实时获取采集模块的供电、通讯等监测状态，对整个系统的安全、稳定运行以及采集数据的可靠性起到重要的保障作用。支持集中的日志管理，安全告警管理，以满足系统运维和安全审计需求。用户在操作特定加密应用服务功能时，操作功能需要安全口令认证，以提高安全性能。

4.2.3 备份与恢复

1. 数据备份主要任务

水工程安全云服务平台接收数据每年呈非线性增长，业务应用数量、种类、规模不断扩充，数据作为平台整体运行的基石，不可缺少。在保证数据收发稳定、信息量完整的同时，如何保证平台数据的安全，如何对应用系统核心数据进行安全备份容灾，已成为一个非常严峻的挑战。数据备份需主要完成的任务包括：对跨平台系统的水工程监测数据进行线上实时和线下定时汇总，完成数据中心各服务器的数据安全集中存储；数据中心各个服务器数据的完备、统一管理；完成数据中心本地的数据备份以及监测站点终端远程策略备份；数据备份时，要求备份安全性高（操作人员、数据传输、数据存放），不发生数据丢失、泄密；数据中心本地存储具备安全性与高可用性。

2. 数据灾备的类型

数据灾备（灾难备份）的类型包括完全备份、增量备份、差分备份等。同时，按备份对象不同主要分为：系统备份、数据库备份、归档备份、应用备份等。

完全备份：备份系统中所有的数据。

增量备份：只备份上次备份以后有变化的数据。

差分备份：只备份上次完全备份以后有变化的数据。

系统备份：主要对文件系统进行备份。

数据库备份：对数据库进行备份，可分为在线备份和离线备份。在线备份又可分为物理备份和逻辑备份。

归档备份：将历史数据复制到磁带等存储介质中进行长期保存。

应用备份：利用应用程序的接口实现对应用的完善的备份管理。

在备份策略中，各种备份的数据量不同：完全备份＞差分备份＞增量备份。在恢复数据时需要的备份介质数量也不一样。如果使用完全备份方式，只需要上次的全备份磁带就可以恢复所有数据；如果使用"完全备份＋增量备份"方式，则需要上次的全备份磁带＋上次完全备份后的所有增量备份磁带才能恢复所有数据；如果使用"完全备份＋差分备份"方式，只需要上次的全备份磁带＋最近的差分备份磁带就可以恢复所有数据。在备份时，要根据它们的特点灵活使用。

在备份过程中要求保存长期的历史数据，这些数据不可能保存在同一盘磁带上，但是每天都使用新磁带备份显然也不可取。如何灵活使用备份方法，有效分配磁带，用较少的磁带有效地备份长期数据，是备份制度要解决的问题。

3. 数据恢复方法

随着虚拟化技术的发展，云平台中的灾难恢复通过允许虚拟机在物理机之间进行无缝迁移，整个服务器包括硬件、操作系统、应用程序、补丁—程序和数据都被封装到一个单一虚拟机中。整个虚拟机可以在短时间内被复制或备份到异地数据中心和虚拟主机里。整个平台的数据可以通过虚拟机，安全、准确地从一个数据中心转移到另一个数据中心。

云计算环境下的在线备份已经与本地磁盘备份相差无几，显示出了它的成本效益。此外，在云计算环境下进行灾难恢复能够更加细致地调整灾难恢复平台的性能。核心业务的应用程序和服务器主机能够获得更高优先级的恢复，从而保证业务的正常运行能够得到足够的支持。此外，各种平台设置和流程化处理过程都可以得到备份，以便在出现问题时快速进行恢复。而进行灾难恢复操作的关键路径就是网络，包括 IP 地址的映射，防火墙规则和 VLAN 配置，这些网络配置正确才能保证异地数据恢复的成功。

4. 容灾备份的关键技术

备份是容灾的基础，是为防止系统出现操作失误或系统故障导致数据丢失，而将全部或部分数据集合从应用主机的硬盘或阵列复制到其他的存储介质的过程。在建立容灾备份系统时会涉及多种技术，目前，国际上比较成熟的灾备技术包括远程镜像技术、快照技术、基于 IP 的 SAN 的远程数据容灾备份技术以及数据库复制技术等。

（1）远程镜像技术。远程镜像技术在主数据中心和备援中心之间的数据备份时用到。镜像是在两个或多个磁盘或磁盘子系统上产生同一个数据的镜像视图的信息存储过程，一个叫主镜像系统，另一个叫从镜像系统。按主从镜像存储系统所处的位置可分为本地镜像和远程镜像。远程镜像又叫远程复制，是容灾备份的核心技术，同时也是保持远程数据同步和实现灾难恢复的基础。

远程的数据复制是以后台同步的方式进行的，这使本地系统性能受到的影响很小，传输距离长（可达 1000km 以上），对网络带宽要求小。但是，许多远程的从属存储子系统的写没有得到确认，当某种因素造成数据传输失败，可能出现数据一致性问题。为了解决这个问题，目前大多采用延迟复制的技术（本地数据复制均在后台日志区进行），即在确保本地数据完好无损后进行远程数据更新。

远程镜像技术往往同快照技术结合起来实现远程备份，即通过镜像把数据备份到远程存储系统中，再用快照技术把远程存储系统中的信息备份到远程的磁带库、光盘库中。

（2）快照技术。快照是通过软件对要备份的磁盘子系统的数据快速扫描，建立一个要备份数据的快照逻辑单元号 LUN 和快照 Cache。在快速扫描时，把备份过程中即将要修改的数据块同时快速复制到快照 Cache 中。在正常业务进行的同时，利用快照 LUN 实现对原数据的一个完全的备份，大大增加系统业务的连续性，为实现系统真正的 7×24 运转提供了保证。快照是通过内存作为缓冲区（快照 Cache），由快照软件提供系统磁盘存储的即时数据映像，它存在缓冲区调度的问题。

（3）基于 IP 的 SAN 的远程数据容灾备份技术。它是利用基于 IP 的 SAN 的互连协议，将主数据中心 SAN 中的信息通过现有的 TCP/IP 网络，远程复制到备援中心 SAN 中。当备援中心存储的数据量过大时，可利用快照技术将其备份到磁带库或光盘库中。这种基于 IP 的 SAN 的远程容灾备份，可以跨越 LAN、MAN 和 WAN，成本低、可扩展性好，具有广阔的发展前景。基于 IP 的互连协议包括 FCIP、iFCP、Infiniband、iSCSI 等。

（4）数据库复制技术。如果需要将数据库复制到另外一个地方，必须满足以下重要指标：数据必须实时、数据必须准确、数据必须可在线查询、数据复制具有独立性、数据复制配置简单、数据复制便于监控。Spanner 是谷歌公司研发的可扩展、多版本、全球分布式、同步复制数据库。它是第一个把数据分布在全球范围内的系统，并且支持外部一致性的分布式事务。Spanner 是一个可扩展、全球分布式的数据库，是在谷歌公司设计、开发和部署的。在最高抽象层面，Spanner 就是一个数据库，把数据分片存储在许多 Paxos 状态机上，这些机器位于遍布全球的数据中心内。复制技术可以用来服务于全球可用性和地理局部性。客户端会自动在副本之间进行失败恢复。随着数据的变化和服务器的变化，Spanner 会自动把数据进行重新分片，从而有效应对负载变化和处理失败。Spanner 被设计成可以扩展到几百万个机器节点，跨越成百上千个数据中心，具备几万亿数据库行的规模。应用可以借助于 Spanner 来实现高可用性，通过在一个洲的内部和跨越不同的洲之间复制数据，保证即使面对大范围的自然灾害时数据依然可用。

4.2.4 运维管理任务

云计算管理员一般都工作在一个分布式局域网计算基础设施中。它与传统数据中心最大的区别之一就是，所有被存储、调配和管理的数据都在一个私有云中。基于云计算的高效工作负载监控，可在发生问题之前就提前发现一些苗头，从而防患于未然。了解云计算运行的详细信息，将有助于交付一个更强大的云计算使用体验。

对于具备基本设施的云平台数据中心而言，运维人员需要对物理网络、物理主机和物理存储等基础设施进行维护并执行所有相关安全策略。只是相对于传统 IT 系统运维，云平台运维的基础设施以虚拟资源为核心，同时也包含了应用层面的数据备份、高可用管理和安全防范等。云计算中心的运维人员主要需完成以下一些工作。

1. 日常监控与健康巡检

主要检查系统的运行状态，确保系统是健康的。具体内容是：检查云服务运维平台的运行状态；检查物理机的运行状态；检查物理存储的运行状态。

此外，基本的网络管理功能，如物理网络监控等工作，与现有运维模式相同。

2. 备份与灾备

这里的备份主要包括两方面内容，一是对云计算平台数据的备份，二是对所有物理存储数据的备份，从而保证某物理存储损坏后数据不丢失。

3. 故障处理

这里的故障是指云计算平台本身的故障。应用层面的故障需要由应用用户自己解决。对于云计算平台来说，它能够在绝大部分环节上实现高可用，如网络高可用和存储高可用等。但是，一旦系统出现单路故障，管理员应立即对故障进行排除，避免影响业务运行。

4. 安全防护

确保系统的安全性，主要包括以下内容：

（1）物理安全。需要保证所有物理设备及机房的安全，与目前运维模式相同。

（2）网络安全。需要保证所有物理网络及虚拟网络的安全；根据应用需要划分虚拟网络，配置访问策略，进行入侵防范和安全审计。

（3）主机安全。需要对物理主机及其上运行的虚拟化环境进行安全防范，包括对用户、密码和权限进行管理，以及对访问进行审计等。

（4）数据安全。要定期对物理存储进行完整性检查和备份，并对某些设备进行加密处理——需要对灾备进行配置和演练。

5. 运营配置管理

运营配置管理指识别、控制和维护现存所有资源配置项，例如，服务器、端口资源、IP 资源、域名资源、网络设备、存储设备及一些专业软件。

6. 收集性能指标

运维人员应积极主动地收集和记录云计算服务器的性能指标与数据，进行适当的规划和工作负载的管理，应该搜集和评估的参数包括：CPU 使用率、RAM 需求、存储需求、网络架构设计参数等。

7. 运维预案和预演

运维预案主要针对可能遭遇到的重大运维故障，对突发场景进行提前准备和演练，最大程度降低故障对于用户和业务带来的损失。预案制定的同时还需要进行提前预演，以应急预案为蓝本，真实复现预案设计的故障场景，确保重大故障发生时，各团队能第一时间响应处理，最大程度降低损失。

第5章 水工程安全云服务平台应用

5.1 大坝群安全自动化远程监测与智能预警服务云平台

5.1.1 概述

作为水利信息化发展的重点工作之一，近年来随着大坝安全自动化监测技术的不断发展和完善，全国各类型水库、大坝自动化监测系统大量上线运行，部分成熟系统已经稳定运行超过十余年，在实时监控大坝安全性态和库区运行情况等方面发挥了积极的作用，取得了一定的成就。与此同时，现代信息化技术高速发展，"互联网＋"行业应用不断深化，水利水电行业在水工程安全监测领域，尤其对于小型水库大坝安全的远程群体监控、坝群资源集约管理、智能巡视管控、信息高效挖掘与利用等方面还有较大的发展空间和有待优化、完善的地方。

（1）近年来随着流域、区域性水电开发事业的蓬勃发展，库坝安全的自动化监测、信息管理与挖掘等范畴逐渐从单一性工程向库坝群体安全监控管理的方向逐渐深化。其中相对于大中型水库，小型水库的安全监控与管理存在信息化应用水平不高、自动化监测系统建设和维护经费有限、配套技术管理人员不足等缺陷。此外，小型水库是流域区域性水库群管理的重要组成部分，其数量众多、影响范围广，若无法及时准确掌控小型水库群体运行情况和安全状态，库区下游地区甚至整个区域、流域的生命财产安全都存在较大风险隐患。因此，在客观经费资源条件制约的现状下，小型水库群安全信息化管理与应用水平亟待提高，信息化建设急需探索一种新的安全监控与管理实施模式。

（2）小型水库大坝虽然规模不大，但仍然是一个复杂的动力系统。坝体、库水和坝基相互作用使得系统具有内在的不确定性，加之外部环境如气温、降雨和地震等多因素的影响，整个库坝运行系统具有高度的非线性特征。而当前的库坝安全自动化监测系统通常是以固定的常态运行方式进行安全数据的采集与监控，导致在任何状态下监测系统都是以相同的监测频率、多要素定期采集库坝安全信息，导致在常态下一些非必要或重复监测的项目进行了多次采集，以致监测资源与设备功耗浪费、监测数据冗余，而在汛期或异常状态下，库坝关键部位和项目的监控采集周期过长，无法加密、实时掌握当前重要性最高的监测数据。为此，结合库坝在施工期、蓄水期、运行期、特殊条件（如暴雨、台风、冰雪、地震等）等不同状态下的运行特点，亟待建立与之相匹配的远程监控体系、数据传输方式、重点监测项目和信息采集频次。

（3）监测数据的高效采集、收发、存储、融合是库坝群体管理的重要环节，由于集群信息处理涉及到的是流域内多个水库大坝、不同厂家设备以及多专业监测系统的监测数据信息，具有数据量大、源广、类杂的特点。因此，如何提高在线监测的时效性、快速处理集成监测数据、自动完成海量数据的质量控制，实现库坝群监测信息的远程实时采集、数据对接、巡视检查以及协同管理，一直是库坝群体信息集成管理的难点。

因此，针对工程群安全监控的系统建设与维护资源有限、多状态下监控方案不灵活、群体资源共享水平不高、远程监测时效性差、数据质量控制与管理智能化程度偏低等问题，从流域或区域性库坝集群管理的角度出发，结合水工程安全监测的特点对数据质量控制、信息管理等理论方法进行梳理、改进，充分利用互联网、自动化监控、云计算等现代信息技术的优势，研发大坝群安全自动化远程监测与智能预警服务云平台。平台的实施能够实现大坝群在不同状态下高效的自动化远程监控，安全监测数据的集中管理和资源共享，水工程安全信息的智能化巡检管理。为水利工程管理单位、政府或流域主管部门及有关单位提供高效、可靠、智能的新型库坝群安全监控与管理模式，进一步增强流域或区域性库坝群信息化应用水平，提升大坝运行的社会经济效益，降低库坝安全风险。

5.1.2　实施方案

依托云计算技术并结合水库项目特点和信息化建设需求，建设大坝群安全自动化远程监测与智能预警服务云平台（图 5-1）。大坝群安全自动化远程监测与智能预警服务云平台提供在线远程实时监测、信息管理与成果发布、极端条件下应急预警、综合分析评价、辅助决策等应用服务，实现大坝群信息采集与处理自动化、异常信息应急预警实时化、资源信息共享与管理专业化和安全分析与评价智能化。

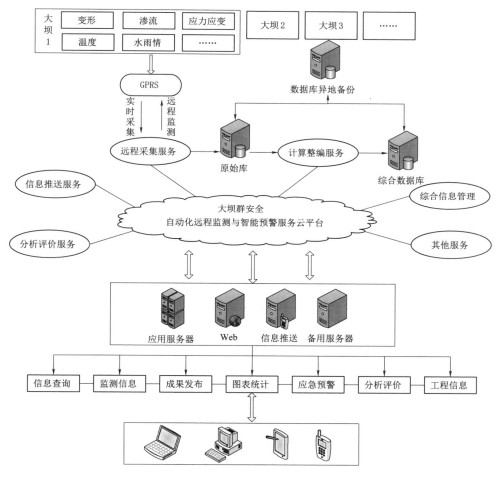

图 5-1　服务云平台总体结构图

（1）基于阿里云服务器（Elastic Compute Service，简称 ECS）搭建大坝群安全监测综合管理分析评价服务云平台，平台管控中心设置在第三方水利信息化专业运维机构，由信息化、水工结构等专业技术人员对平台运行、数据收发、信息管理等进行监管与维护，为业主单位提供专业服务。

（2）平台提供水库安全监测数据自动化采集系统，以 GPRS 无线通讯传输方式接收项目现场大坝变形、渗流、库区水位、降雨等监测信息，实现定时自动化数据采集与接收；同时，在平台管控中心可以通过数据采集软件对现场监测设备进行远程设置、实时召测、人工监控。

（3）采集的实时和历史数据存入采集原始数据库，并通过平台管控中心的数据处理软件定期对原始库中的数据进行自动入库、计算、筛选、整编与判别，保障原型观测数据的高质量和可靠性；在极端异常条件下，支持人机交互的自动数据加密处理，增强应急状态下的数据连续性。

（4）原始监测数据通过数据处理，与水库基础信息、图表成果信息、文档资料等数据共同形成水库安全监测综合专题数据库。综合专题数据库作为信息管理、分析与发布的唯一数据源，确保后期运维服务所用数据的统一。

（5）平台提供综合信息管理服务，用户可通过网页浏览器访问平台的信息管理与发布系统，支持监测数据的在线查询、历史数据检索、过程线、报表、分布图、工程信息查询、仪器测点信息管理、成果输出等功能，保证用户能够及时掌握水库安全监测信息和统计图表。

（6）平台提供信息监测与应急预警机制，安排专业技术人员定期监控水库安全数据，发现异常进行预警信息推送，及时反馈异常信息至用户相关人员。根据平台监测数据和图表统计成果，并结合科学的分析评价方法和模型，组织行业内专家定期编写水库安全评价分析报告，评估水库安全情况，为用户提供辅助决策信息。

（7）平台运行充分考虑数据的安全性、应用服务的专业性、技术方案的先进性以及后期运行的可扩展性，用户无需对平台运行、信息处理、数据维护等分配工作资源，平台统一提供监测成果数据、应急预警信息以及综合评价结果，极大减轻了用户的工作负担，提高了水库安全监测的信息化水平。

5.1.3　功能服务

1. 远程自动化监测采集

对接入的渗流、变形、水雨情等各类传感器，在平台运行中心可按指定方式自动远程采集数据（图5-2），包括中央控制方式及自动控制方式，即可通过监测管理中心的监测服务器下发的命令进行选测、巡测等，还可通过预先设定的参数（如采集时间、采集频次等），由现场数据测量控制装置（MCU）自动定时测量，满足"无人值班"的要求。所采集的数据可暂存在测量控制装置中或根据监测中心的命令将所测数据传输到监测中心并进行相关处理、计算、检验、转入数据库等操作；MCU具有2个月的数据存储空间，与便携式电脑直接通信的接口，保证在现场获得监测数据；另外在数据管理软件中有人工输入接口；各测值具有越限报警功能。

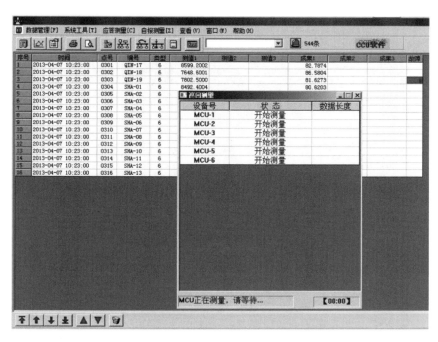

图 5-2 监测数据采集界面

2. 应急加密监测

平台对各类监测项目进行极值设定，尤其对于库水位、降雨量等重要监测信息进行科学的阈值指标拟定。平台监测软件根据实时监测数据与阈值进行比对，实现极端天气条件下或水工建筑物异常情况下，自动启动应急加密监测机制（图5-3），提高实时监测频次，获取特殊条件下密

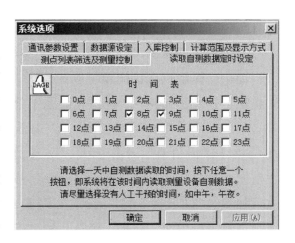

图 5-3 定时读取数据设定界面

集的实时监测数据，降低库坝安全风险。

3. 数据自动入库与整编

利用数据入库与整编服务功能实现监测采集数据定期自动入库、成果计算、数据预处理与整编等工作（图 5-4），包括自动和人工两种工作模式。其中，自动模式可以指定任意时间周期，定时将采集数据进行处理存入综合数据库；人工模式是指在特殊情况下，通过人机交互方式，对指定的仪器设备数据实时入库与整编。

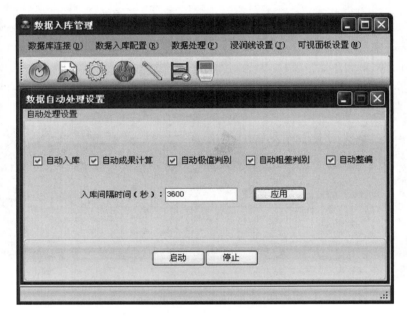

图 5-4　数据自动入库管理界面

4. 综合信息管理

自动化远程监测与智能预警服务云平台涉及的数据信息量大、种类繁多，平台提供特定功能服务，实现工程的基本信息（工程名称、简介、典型断面信息等，如图 5-5、图 5-6、图 5-9 及图 5-10 所示）、仪器信息（仪器类型、生产厂家、详细信息、计算公式、仪器参数等，如图 5-7 所示）、测点信息（监测项目、测点详细信息、测点空间信息等，如图 5-8 所示）、监测数据信息（如图 5-11 及图 5-12 所示）以及图表信息等综合信息的管理；能够对任意具体信息进行添加、编辑、删除和输出管理，提供信息批量化管理接口，支持对海量信息进行筛选、排序、检索、复制等操作，达到动态、批量化海量综合信息管理的目的。

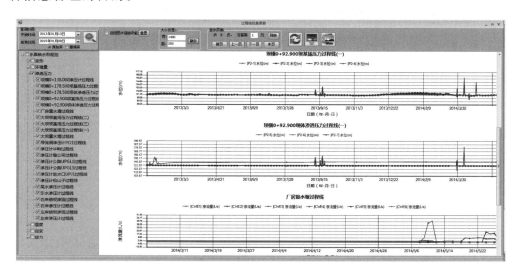

图 5 - 5　监测项目过程线图

图 5 - 6　温度监测月报界面

5. 历史信息检索与发布

支持库坝安全监测历史数据的检索与查询，系统提供按仪器类型、监测项目、监测部位、图形导航、智能搜索 5 种仪器检索方式，用户利用各自熟悉的

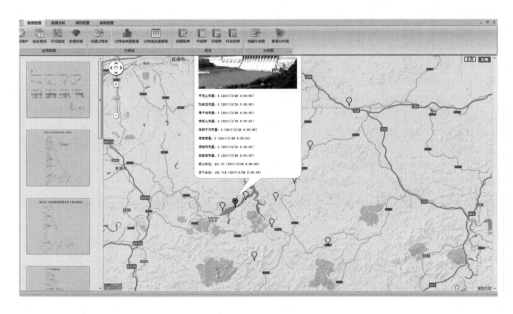

图 5-7　仪器信息管理界面

图 5-8　空间信息示意导航

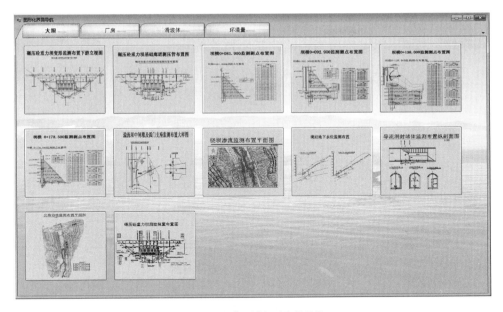

图 5 - 9　典型断面图形导航

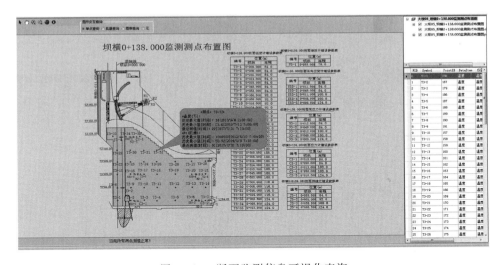

图 5 - 10　断面监测信息可视化查询

检索方式快速定位测点，选定仪器进行数据查询。在历史数据的查询过程中，能够指定任意起止日期，选择数据源（原始库、整编库）和数据类型（正常值、异常值），对选定仪器、测点的历史数据进行信息查询，如图 5 - 13 所示。

6. 监测成果输出

提供多种形式的图表可视化功能（图 5 - 14），包括过程线、分布图、报表、

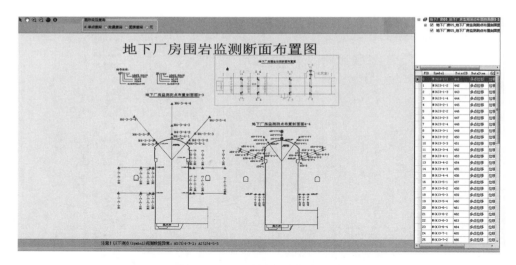

图 5-11　地下厂房重点监测图

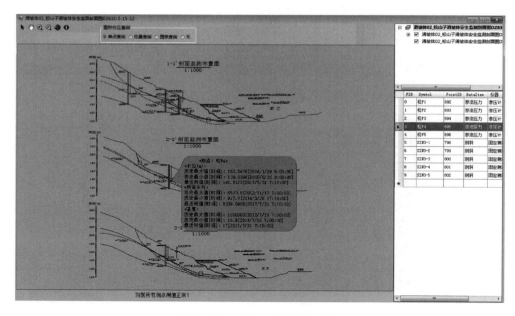

图 5-12　边坡稳定监测示意图

典型断面测点分布图等。通过图与表相结合的方式直观展示监测信息历史变化趋势、测点分布情况、区域宏观信息、微观监测物理量变化等,让用户能够以多种方式、多种角度了解和掌握监测信息的当前状态和变化趋势,深刻理解数据所表征的监测内涵和现实意义。

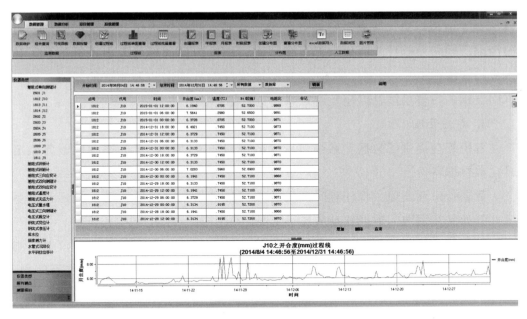

图 5-13 历史信息管理界面

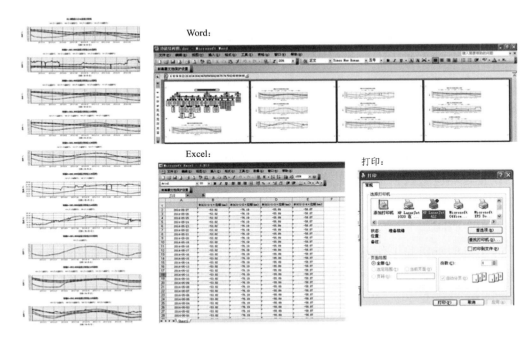

图 5-14 监测成果输出管理界面

7. 自动预警推送

对现场各种异常情况、报警事件进行分析、归类，指出其发生的时间、报警内容，判断发生故障的原因、故障地点，能以短信的形式发出报警信号，并生成报警事件汇总表，根据设计工程师或运行人员确定的各测点的限值，发出不同级别的报警功能，以便及时对系统进行维护。

8. 备份管理

备份管理提供了数据和系统信息的备份与还原功能，对数据管理服务器定时自动数据备份。

数据备份和还原：将任意时间段的数据备份出来，在系统需要时还原进系统（例如恢复系统、数据软盘传递等情况）。

系统信息的备份与还原：系统信息包括测点属性、系统中使用的仪器、测点监测项目、安装位置、仪器生产厂家、测点物理量转换算法及参数等信息。该功能可以将有关系统的信息全部备份下来。在完成一批测点的算法和参数设置后，立即完成系统信息备份，该备份有助于以后自动恢复系统。

9. 分析评价服务

分析评价服务包括资料检查分析、信息初步分析、实时分析、离线分析、综合评价等，定期编写库坝安全专题分析评价报告，如图 5-15 所示。

10. 平台管理

平台管理主要包含平台软件设置和工程管理服务。平台软件设置服务主要包含有工程注册与接入、数据库备份与恢复、系统重启与帮助、系统服务与软件升级、系统用户账号与权限设置、系统操作日志、系统安全设置、系统平台管控等功能；工程管理服务主要包含有工程初始化、监控指标与预警设置、应急处置与响应管控、信息报送等子功能。

11. 用户管理

用户管理服务包括用户分类、用户权限划分、用户信息管理等内容。根据不同用户的身份和工作重点，对用户的类型进行划分，并将用户的平台操作权限与用户类型进行关联，保障平台操作与访问的安全性。

5.1.4　平台保障

1. 数据保障

云平台中心是现场工程监测数据的汇集中心和专题服务的分发中心，通过

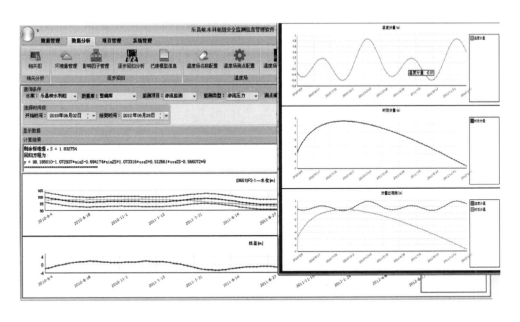

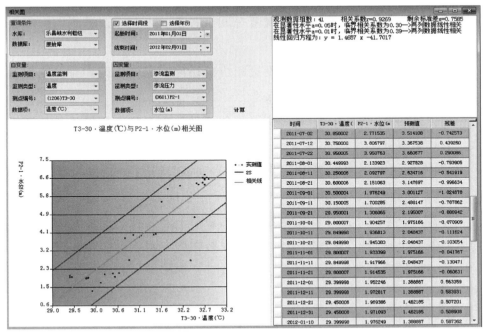

图 5-15 相关性分析示意图

云计算平台内部的备份功能，实现数据备份的逻辑上统一、物理上隔离，这样既可以保证数据备份的统一性和数据恢复的简便度又可以实现数据异地灾备的安全性。

异地备份系统采用分布式云计算架构，由于平台将来的数据量会很大，同时要求整个数据系统24h不间断运行，因此平台采用大容量的存储服务器来实现存储资源富集，完成数据级的备份。

云计算平台搭配数据块存储，以获得持久性、高可靠的数据块级的随机存储。云盘采用机械磁盘作为存储介质，利用分布式三副本机制，提供高数据可靠性：可提供数百的随机读写IOPS能力，最大30～40MB/s的吞吐量，分布式三副本机制数据可靠性达到99.9999999％。

2. 安全性保障

平台的安全性包括数据传输的安全性、信息管理的安全性、反计算机入侵、计算机防病毒等。平台运行维护过程中采取以下主要技术措施来提高系统的安全性能：

支持双机备份、热备份、灾难恢复等冗余备份技术，保证系统数据不会因为意外事故或误操作而丢失。

把用户划分为不同的级别，并设置相应的访问和操作权限，对关键数据使用加密传输，以保障数据的安全和保密。

使用先进的反计算机入侵和防病毒的软硬件技术措施，严格防范计算机非法入侵和病毒侵害。

网络安全：DDoS基础防护提供最高5G的DDoS防护能力，可防御SYN flood、UDP flood、ICMP flood、ACK flood常规DDoS攻击。

服务器安全防护：服务器安全是数据的最后一道防线，要建立纵深防御体系，服务器安全是必不可少的一环，通过安装在服务器上的插件和云端防护中心的联动，提供暴力破解密码拦截、木马查杀、异地登录提醒、高危漏洞修复的防入侵功能。

站点监控：提供对http、ping、dns、tcp、udp、smtp、pop、ftp等服务的可用性和响应时间的统计、监控、报警服务。

云服务监控：提供对云服务的监控报警服务，对用户开放自定义监控服务，允许用户自定义个性化监控需求。

报警及联系人管理：提供对报警规则，报警联系人的统一、批量管理服务。支持多报警方式——短信、邮件、接口回调。

3. 接口设计

平台需要提供标准数据接口用于大坝安全自动化监测系统、水情系统、在线雨情监测系统、气象系统、信息报送系统的数据传送，并预留后期融合其他厂家系统的数据接入接口。

与大坝安全自动化监测系统接口：系统与自动化监测系统采用 TCP/IP 网络协议，自动化采集服务协议由南京水利水文自动化研究所制定。

与水情、气象等监测系统接口：系统与水情、气象等监测系统采用 TCP/IP 网络协议，数据交换满足相应水情水文监测标准、规约，采用从水情信息系统等向云计算平台中心的传输方式。

后续新建投运电站自动化数据采集系统接口统一要求，并遵循国家、行业现有网络通讯规约或规定，开放系统接口标准，为后续新建投运电站自动化数据采集系统接入本平台提供技术支撑。

5.2 水库自动化综合信息管理平台

5.2.1 概述

水库自动化综合信息管理平台涵盖水工建筑物安全监测、水雨情自动测报、视频监控、闸门监控、水质监测、业务应用综合服务等多个子系统，实现多系统统一管理、异构数据融合、综合信息展示、大数据统计分析、监测预警与应急响应、资源综合调度等专题应用服务，为提高水利信息综合管理水平，提升全局性分析决策的准确性和科学性提供先进的信息化管理手段。

水库自动化综合信息管理平台建设目标是基于云计算平台，集成现有和新建各个自动化监测业务系统，构建一个水库安全综合信息管理应用服务平台，为各个应用系统之间、老系统与新系统之间、分布式监测站点之间提供信息整合的手段和实现方法，实现操控集中、数据集成、信息统一发布、身份统一认证；实现包括防洪、水资源管理、水环境保护等各类业务信息的整合和发布，采用各种先进、快捷、便利的途径和方式为管理人员、公众提供所需信息；通过信息技术手段实现各业务日常管理，达到应用协同处理；实现基础信息在统一交互平台上快速传递、高效安全和全面共享，为提高业务管理水平和科学决策提供手段。

（1）在各个水库设置数据采集系统实现水情测报、渠道流量、水质、视频、闸门监控等多类型监测系统的数据自动化采集与接收，为综合信息管理系统提供实时、可靠的监测数据来源。采集内容包括已建系统的接入及新建测点信息的收集，对无法自动采集的数据采用人工数据录入或通过移动终端数据录入。

（2）建立统一数据接收平台，开展终端设备接入、数据接收、信息共享与终端运行维护管理。

（3）建立统一的数据库平台，对水库管理系统的数据资料、业务资料、图像资料等进行归类、整合、管理与数据服务。

（4）建立统一的业务支撑服务平台，实现包括水情测报、渠道流量、水质、视频、闸门监控信息发布等管理及信息服务。

（5）软件提供完善的虚拟化解决方案、共享存储解决方案和高可用性解决方案，实现在线监控、自动化运维等管理功能；提供针对关系数据处理和非关系数据处理的支撑服务，具有实现弹性伸缩、按需分配、共享存储的功能。

（6）根据实际业务需求，建设相应的业务应用软件系统，便于业务管理人员开展相应工作。

（7）开发智能客户端应用，建立易于部署和管理的客户端应用程序，通过统筹使用本地资源和分布式数据资源的智能连接，提供适应的、快速响应的和丰富的交互式体验。

5.2.2　实施方案

1. 数据融合

数据融合由数据库管理、跨平台数据抽取、数据预处理和信息维护四部分组成。按照相关标准、规范，设计水库自动化综合信息数据仓库，分离原始监测数据库、中间过程库、成果库、测试库和备用库。对汇总的各自动化监测子系统数据进行分类存储，提供统一的数据库管理和维护工具，不同用户根据各自权限对不同的数据源进行操作和维护。

数据库管理共享数据库和业务数据库两类数据库。①共享数据库，存储需要提供全局共享的基础数据，主要包括：基础地理信息数据库、图形数据库、水工建筑信息数据库、实时水雨情数据库、气象数据库、水质数据库、渠道管理数据库、历史洪水数据库等。②业务数据库。业务数据库是支撑各应用系统自身运行的数据库，核心为原型观测数据、业务模型、计算参数、算法方案管理等数据库。业务数据库受权限控制，只服务于用户所属权限和应用范围，可以向共享数据库提供数据公用服务，但受到平台数据库管理机制严格管控。业务数据库根据业务应用需要不断拓展完善，平台为其提供生成与运行支撑环境。

2. 跨平台数据抽取

跨平台数据抽取实现了跨平台异构系统的数据实时融合，并确保原型观测数据具备较好的数据质量和可靠性。对底层数据资源构建统一的数据交换体系，建立统一的数据共享机制，形成完善的数据管理标准；对应用服务的支撑采用统一的单点登录、统一身份认证、信息订阅与推送、模型访问、报表定制、异常告警、地图展示、协同流程、专业模型、统一数据访问等共用的应用组件与基于标准的服务接口，实现跨系统的数据、流程交互；提供给各应用系统共享的信息资源的集合，包括资源管理、信息交换与共享、软件构件、专业模型和数据存取等组件部分，为业务应用提供信息及软件资源支撑服务。其主要包括：

（1）统一的数据访问接口。使得应用系统能够统一、透明、高效地访问和操作位于网络环境中的各种分布式、异构数据，实现全局数据访问，加快应用开发、增强网络应用。

（2）数据转换服务。通过采用统一的元数据、统一的信息标识语言和统一的语言结构，实现多种数据库间和各种数据格式文件间的数据转换。

（3）系统资源服务环境管理。通过对计算机资源、存储资源的合理管理与分配，达到优化和负载均衡的目的，解决系统存储资源的合理利用和性能监控问题，实现对系统资源服务层的有效支撑。

3. 数据预处理

根据管理信息平台的信息，汇集管理业务工作的实际需要，在数据处理层需要对来自数据接入层获取的原始数据资料、报文资料进行数据校验、校核、有效性检查和译报处理，其中：

（1）监测点信息的数据接收与处理。对接收来自自动监测站点、工程监测站点等所采集的原始数据报文，根据大坝、水文、水资源相关通信规约开展报文的校验、预处理、翻译、转发等处理。

（2）数据填报处理。对大坝、水文、水资源、水环境移动巡查、巡测采集的信息进行格式检查、预处理、转发等处理。

（3）数据共享与交换。对通过共享交换方式获取相关业务数据，进行数据校核、预处理、转发等。

4. 信息维护

信息维护包括综合数据维护功能和数据库安全管理功能。其中，综合数据维护管理功能实现对数据的导入、导出、修改、增删以及对表结构的维护和数据库的备份与恢复；数据库安全管理功能实现组织机构管理、用户权限管理、角色管理等功能，通过数据字典的建立，以服务组件实现对公共数据字典、系统配置数据字典的管理和维护。

应用支撑平台（图5-16）以资源整合为基础，将先进技术和成熟技术相结合，使共性功能模块通用化、标准化、可配置化，按照数据集成、构件集

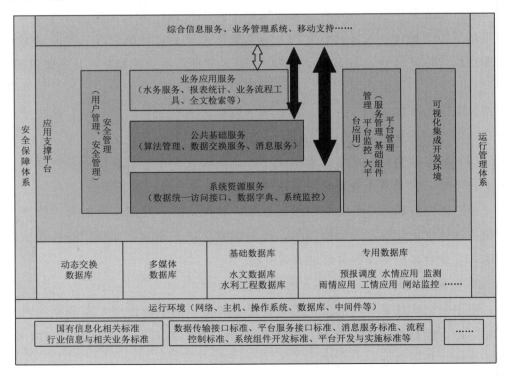

图 5-16 应用支撑平台

成、界面集成和应用集成的目标进行设计。依据系统实现的任务分工和逻辑关系将应用支撑平台分为三层：应用服务层、公共基础服务层和系统资源服务层。

5.2.3 功能规划

在数据融合的基础上，利用水利信息综合数据仓库的管理、维护和数据调用功能，并依据水雨情、水工程、渠道、闸门、视频监控、水质等不同业务专项的功能需求，基于云平台规划水库自动化综合信息功能服务，如图 5-17 所示。从实际功能应用工具的角度，平台可划分为数据管理、图表统计、项目管理、综合服务、系统管理等与业务紧密相关的各类服务。其中的核心细则功能包括实测数据服务、GIS 服务、报表工具、图表工具、模型工具、流程控制服务、预警服务、系统配置、运行管理等。

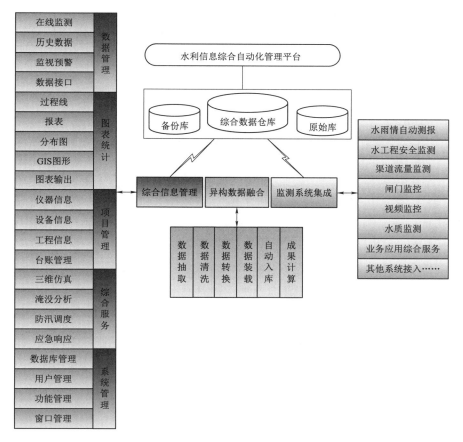

图 5-17 水利信息综合自动化管理平台功能规划结构图

（1）实测数据服务。实测数据服务提供水文数据查询服务、气象信息获取服务、水位信息统计分析服务、雨量信息统计分析服务、水工建筑物安全信息服务等。

（2）报表工具。根据具体报表内容，定制日常工作通用报表模板，实现快速生成布局合理、整体美观、方便查看、可打印和保存的功能。

（3）图表工具。为用户提供过程线图、柱形图、饼图、条形图、折线图、散点图等，其中过程线图主要包括水位过程线、流量过程线、单站雨量柱状图、点雨量分布图、雨量等值线/面等。

（4）流程控制服务。流程控制服务提供对各种工作流程的定制、执行、监控等一系列管理工作。

（5）预警服务。根据预先定制的规则产生实际业务运行中的各种报警信息，包括雨强、水位预警、闸站运行异常报警等。

5.2.4 业务实现

1. 综合信息管理

综合信息管理界面如图 5-18 所示。

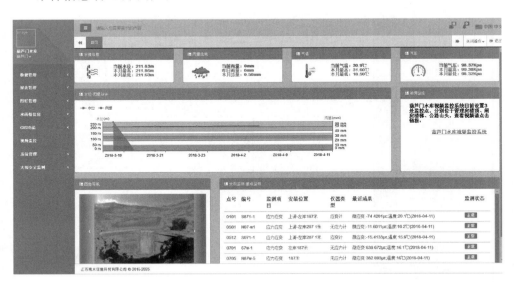

图 5-18 综合信息管理界面示意图

2. 水雨情信息管理

水雨情信息管理用于实现水库水雨情信息展示，包括水雨情实时信息、雨量信息、水位信息、信息维护等功能，如图 5-19～图 5-21 所示。

图 5-19　水位雨量统计图

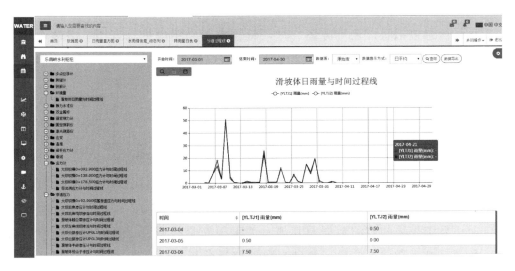

图 5-20　多站雨量过程线

　　水雨情实时信息页面在 GIS 地图（卫星图片、地图）中显示水库附近水文测站的位置及对应的实时水雨情信息；定时刷新水雨情实时信息测值。

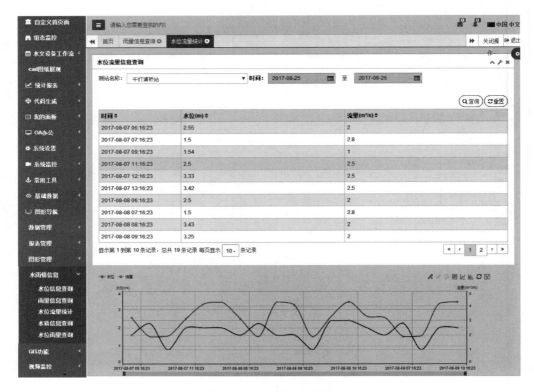

图 5-21　水位流量统计

雨量信息包括日雨量直方图、月雨量直方图、年雨量直方图、多站雨量直方图、雨量日报表、雨量月报表、雨量年报表、逐日雨量表、时区雨量表等。

水位信息包括单站水位过程线、多站水位过程线、水位日报表、水位月报表、库容日报表。

3. 工程安全监测功能需求

工程安全监测是水库自动化综合信息管理平台的重要业务需求。结合大坝安全监控自动化系统，通过对自动化系统中监测数据、考证数据的进一步整合，并提供一系列满足规范要求的数据处理、资料整编等功能。实现对工程安全监测自动化系统采集的监测数据及其他有关工程安全的信息进行存储、管理、查询、处理、显示和输入输出，并且为数据统计分析提供完备的数据接口和成果展示平台，以便于用大坝安全监测数据和各种大坝安全信息对大坝性态做出分析判断。

工程安全监测功能包括资料维护、资料整编等功能，包括信息维护系统、月度报告生成系统、图形绘制系统、年度报表生成系统、参数设置。由于工程安全监测项目、测点较多，在页面设计时应建立筛选功能，快速查找到对应监测项目的对应测点。其主要功能如下：

（1）仪器信息。对系统中所有监测仪器的仪器类型、仪器名称、仪器信息、生产厂家、计算公式与参数、极限值等信息分独立功能界面进行管理。用户可以根据项目仪器实际运行情况增加、修改、删除仪器的相关信息，对暂停使用的老旧仪器进行标记，保留历史测值；对在用仪器进行统一管理，实时接收最新观测数据。

（2）测点信息。测点信息包括考证资料查询及添加、修改、删除等内容，可以根据监测项目不同，给出测点的相关信息（图 5-22），包括测点部位和监测仪器参数，每次显示一个测点信息，可通过前后反转查看其他测点信息，也可从测点列表中选择某个测点进行查看，查询到所需测点时，即可进行修改和删除操作。同时，可以添加新的测点信息。

图 5-22　仪器信息管理界面

（3）异常数据。单点查询是按照选定的测点和时间段查询出该点的原始数据或整编数据，并可以选择只显示正常数据或只显示异常数据（图 5-23）。可以依次按照水库、数据源、监测分类、测点、数据种类（全部、正常数据或异常数据）以及时间段筛选并指定数据排列顺序，并支持将数据导出为 Excel 格式。异常数据行以红色字体显示，并在标记一列有异常标记的显示，用户可以对异常数据进行判别处理。

图 5-23 异常数据描述

（4）报表发布。系统提供监测信息逐日显示（图 5-24），同时支持年报、月报、日报和时段报表四种报表查询方式，并在报表尾部对每一列监测项目数据进行特征值分析与可视化处理，并支持报表输出或直接打印。

图 5-24 温度监测信息发布界面

（5）图形发布。图形发布包括渗流、应力应变、库水位等过程线变化趋势图形，典型断面、重点监测部位示意图，表面竖向位移、表面水平位移纵向和横向分布图，内部变形分布图、坝体浸润线、坝基渗流压力分布线、竖向位移等值线、坝基渗流压力平面分布图等（图 5-25）。

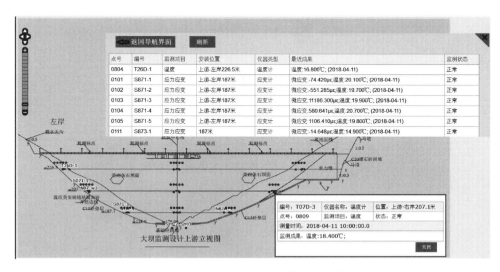

图 5-25　重点部位监测信息展示图

（6）过程线发布。根据工程安全监测过程线的分类，筛选需要查看的过程线类型并进行图形浏览（图 5-26）。浏览的过程中支持图形的缩放、异常数据

图 5-26　过程线分组单图查看

剔除、样式修改等操作；过程线批量查看可以选择任意数量过程线分组图形同时查看，支持过程线的缩放、图形大小调整、批量图形导出等功能。

（7）分布图发布。选择任意工程安全监测断面，并指定监测项目和监测数据的时间段，统计该时间段内的监测数据并绘制图形（图 5-27～图 5-29）。

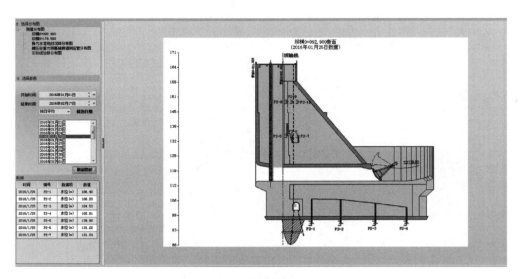

图 5-27　坝基渗流压力分布图

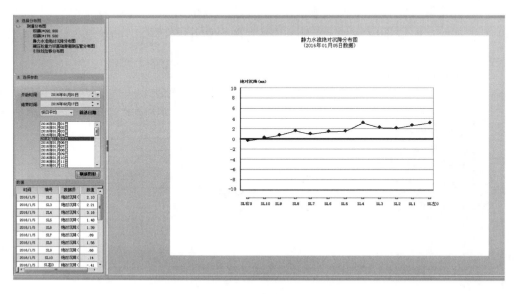

图 5-28　垂直位移分布图

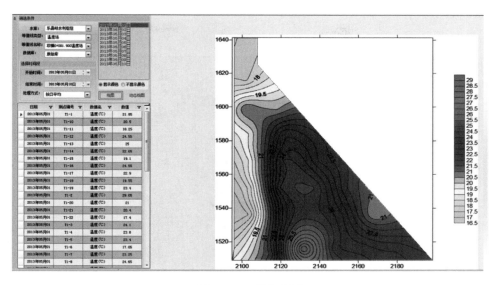

图 5-29 等值线图

（8）监测阈值参数设定与发布。对每一个监测点的仪器进行监测阈值的参数设定（图 5-30），每一个监测数据项和成果项都具有定量的上下限阈值，且阈值可以根据工程项目实际需求进行修正，以此作为评判当前监测数据正常与否的标志。

图 5-30 监测阈值设定

（9）计算参数设置与发布。根据不同类型仪器的不同计算公式，结合实际仪器考证表信息，对监测仪器的计算参数进行动态设置（图 5-31），便于系统长期动态维护。

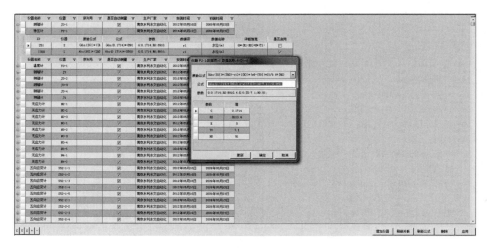

图 5-31　计算参数设置

4. 闸门监控信息管理功能需求

根据集成后的闸门自动化系统数据，对整个闸门自动化系统进行基于数据库层面的应用集成，实现闸门操作状态的实时展示，完成包括闸门操作记录、运行情况一览、泄流计算等统计表和过程线的展示。闸门安全、可控是防汛工作的重要部分，闸门远程控制涉及到安全等问题，因此本系统中仅显示闸门状态信息。其功能包括实时信息、信息查询、报表打印、图形绘制等。

（1）实时信息。闸门实时状态如图 5-32 所示，支持以图形的方式展示水库各闸门的状态，包括开度、流量、运行状态，具备将闸门处的视频集成同步显示功能。

（2）信息查询。信息查询提供闸门开度、闸门状态、闸门报警的数据表格，提供可视化的闸门实时状态监视、闸门令的管理、审批以及闸门运行记录的信息化管理（图 5-33）。

（3）闸门令管理。支持闸门令的申请、审批以及导出等功能。

（4）闸门运行记录管理。具有闸门的实际运行情况查询、录入等功能。

5. 水质监测信息系统调用模块

在综合信息管理系统中预留水质监测信息系统调用接口，可在综合信息管理系统中调用水质监测信息系统各功能界面，如图 5-34 及图 5-35 所示。

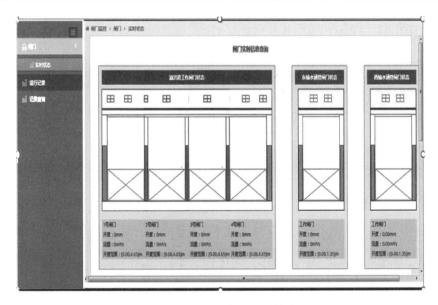

图 5-32 闸门实时监测状态

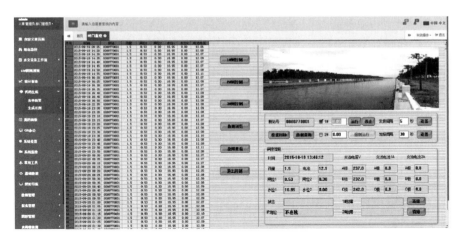

图 5-33 闸门运行记录管理

6. 视频监视

在综合信息管理系统中预留集成视频监视系统接口，可在综合信息管理系统中远程浏览摄像头拍摄画面，如图 5-36 所示。为了确保系统的可靠性，视频信号传输及控制均采用光缆，供电采用集中供电方式，在前端视频监视点相对集中后通过视频光端机及光缆将信号传输到监控中心，在硬盘录像机上开发的视频监控软件支持 CS/BS 两种查询控制方式。相关人员在办公地点、管理中心通过 IE 浏览视频系统前端的图像，并可以经过授权进行图像的控制。

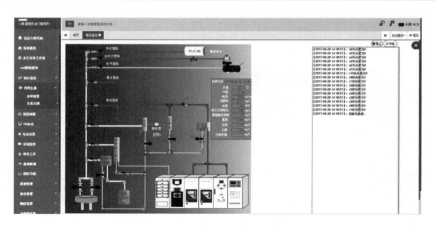

图 5-34　水质动态监控图

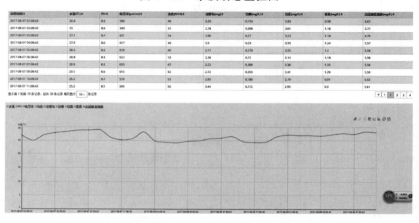

图 5-35　水质信息查询

图 5-36　视频监视管理界面

参 考 文 献

［1］ 吴伟，杨以兵，王清，等. 基于云计算的工业数字化转型研究［J］. 科技与创新，2023
（24）：26-28，31.

［2］ 王治山. 国际竞争加剧，国内以退为进，云计算市场风云变幻［J］. 商业观察，2023，
9（35）：6-9.

［3］ 赵晨. 阿里云通义听悟：AI 大模型化身工作生活好帮手［N］. 中国电子报，2023-12-
26（006）.

［4］ 冯晓萌. 用"云"赋能行业升级［N］. 中国财经报，2023-12-21（005）.

［5］ 郑烁. 基于用户分级限制的云电子信息安全存储系统［J］. 江西科学，2023，41（6）：
1186-1190.

［6］ 何军博. 基于"云—网—端"架构的全链路水利工程信息化监控系统设计［J］. 中国新技
术新产品，2023（13）：27-30.

［7］ 滕峰，吴桂良. 瘦客户机、虚拟机及云计算在智慧水务中的应用［J］. 工业控制计算机，
2023，36（11）：140-141.

［8］ 郭中华，谷玉琦. 云计算环境下云加端的装备智能检测系统和关键技术研究［J］. 产业创
新研究，2023（22）：138-140.

［9］ 胡文兵. 基于 android 平台的水情信息处理系统实现及应用［J］. 软件导刊，2013（5）：
121-122.

［10］ 谭晓珊，高军. 基于 Android 的移动水利信息查询平台设计与实现［J］. 江苏水利，
2015（8）：38-40.

［11］ 解建仓，马增辉，张永进，等，水利移动服务平台的设计与开发［J］. 水力发电学报，
2008，27（4）.

［12］ 虞开森，骆小龙，余魁. 基于 iphone 的防汛掌上通平台设计与应用［J］. 水利水电科技进
展，2010，30（6）：74-77.

［13］ 陈剑，葛从兵. 基于 GoogleMaps 的水库基本信息管理掌上系统设计与实现［J］. 软件导
刊，2013，12（7）：72-76.

［14］ 高磊. 基于移动平台的水电管理信息系统研究［J］. 水电自动化与大坝监测，2013，
37（4）：71-75.

［15］ 刘晓辉. 基于 PDA 的大坝施工监控平台设计与实现［D］. 天津：天津大学，2010.

［16］ 黄杏元，马劲松，汤勤. 地理信息系统概论［M］. 北京：高等教育出版社，2001.

［17］ 王天化，李瑞有，周武，等. 基于 GIS 技术的水库大坝安全应急管理系统构架［J］. 长江
科学院院报，2009，26（增刊）：130-133.

［18］ 贾化萍. C/S 与 B/S 结合模式的大坝安全监测信息管理系统研究［D］. 南京：河海大
学，2006.

［19］ 肖泽云，田斌. 基于 GIS 平台的大坝安全监控系统研究与应用［J］. 水利水电科技进展.
2010，5（30）：48-52.

[20] 程春田，廖胜利，武新宇，等. 面向省级电网的跨流域水电站群发电优化调度系统的关键技术实现 [J]. 水利学报，2010，41（4）：477-482.

[21] 蔡建波. 用杂交元求解有冷却水管的平面不稳定温度场 [J]. 水利学报，1984（5）：18-25.

[22] 李菊根. 有限元外推法及其在温度场计算中的应用 [J]. 水电站设计，1993，9（2）：36-36.

[23] G. F. Kheder, R. S. Al Rawi, and J. K. Al Dhahi. Study of the Behavior of Volume Change Cracking in Base-Restraint Concrete walls [J]. ACI Materials Journal，1994，91（2）.

[24] 刘德波. 水库汛限水位设计与运用概率统计分析方法 [J]. 南水北调与水利科技，2012，10（3）：161-164.

[25] 李慧，黄强，秦大庸. 水电站能量指标的影响因素分析 [J]. 南水北调与水利科技，2012，10（6）：97-99.

[26] 乔光建，梁韵，王斌. 邢台百泉岩溶水库蓄水构造特征分析及功能评价 [J]. 南水北调与水利科技，2010，8（1）：139-143.

[27] 郑金堂，陈星辰，陈斌. 三河闸上下游地形与泄流流态异常关系浅析 [J]. 水利建设与管理，2013（3）：18-21.

[28] J Bundschuh, M Zilberbrand. Hydrogeochemistry principles for geochemical modeling. In: Geochemical Modeling of Groundwater, Geochemical modeling of groundwater, vadose, and geothermal systems [M]. CRC Press/Balkema，2011.